秀惠老師 の 幸福 拼布包

Susan's
Patchworks

秀惠老師～教你縫製屬於自己的風格包

　　一個獨特的手提包，展現出優雅女人的個人魅力與品味，當你用自己的心、自己的愛，親手縫製一個只屬於個人特質的拼布包，那你就是一個內心充滿幸福的女人了！

　　20多年來，秀惠老師一直是台灣手藝設計協會，唯一專攻拼布袋物的優秀老師。始終如一默默付出，以及光喬【秀惠時尚包】證照課程的推廣，呈現秀惠老師深耕拼布的卓越表現，加上她深厚實力與持續的投入，才能讓拼布界的愛好者學習到秀惠老師的深湛技巧，再度出刊第十本拼布的新作與各位教學相長！

　　身為台灣手藝設計協會理事長並致力於推廣拼布30餘年的我，對秀惠老師為台灣拼布藝術的貢獻，有目共睹且深感敬佩！

　　謹代表本協會所有的同好，感謝並祝福秀惠老師～更期待你的新作！

JLL(財)日本生涯學習協議會認定台灣分校
台灣手藝設計協會　理事長

　　這是我的第10本書，是第一次嘗試自己出書。感謝台灣手藝設計協會的駱理事長、雅書堂及許多貴人的賞識，讓我不斷成長與茁壯，更要感謝粉絲及學生們的愛戴，有你們的支持，是我繼續創作的力量。

　　本書收錄了32個經典作品，有手提包、後背包、口金包、長夾、波奇包、小零錢包等，技巧包含布和布的拼接、刺繡、立體果實、立體花、羊毛不織布、六角花園、奇異襯、鏡子刺繡、用筷子做出獨一無二的提把，和以往呈現完全不同的風格，文青、時尚，更時髦。

　　做自己喜歡的，喜歡自己做的，期望你也和我一樣。一起用拼布，溫暖彼此的心。

周月惠

Contents
目錄

P.02 推薦序
P.03 作者序

Chapter 1　因為有你，我懂得愛。

01 Cotswolds提袋

P.08

02 Cotswolds小牛奶袋

P.10

03 紫色戀人提袋

P.12

04 紫色戀人化妝包

P.14

05 鏡子刺繡提袋

P.16

06 鏡子刺繡小波奇包

P.18

07 璀璨之星提袋

P.20

08 璀璨之星迷你包

P.22

09 藍色夢幻提袋

P.24

10 藍色夢幻化妝包

P.26

11 Donut提袋

P.28

12 Donut波奇包

P.30

13 紫藤花提袋

P.32

14 紫藤花長夾

P.34

15 楓葉大提袋

P.36

16 楓葉小提袋

P.38

17 蒲公英後背包（深）
19 蒲公英後背包（淺）

P.40、P.44

18 蒲公英口金包（深）
20 蒲公英口金包（淺）

P.42、P.45

21 踏青後背包（深）
23 踏青後背包（淺）

P.46、P.50

22 踏青零錢包（深）
24 踏青零錢包（淺）

P.48、P.51

25 小確幸後背包（深）
27 小確幸後背包（淺）

P.52、P.54

26 小確幸口金包（深）
28 小確幸口金包（淺）

P.53、P.56

29 Lucky後背包

P.58

30 Lucky口金零錢包

P.60

31 鄉村小提袋

P.62

32 鄉村小零錢包

P.62

Chapter 2 有愛的心，永遠年輕。

P.66　　　　工具介紹

P.68　　　　基礎繡法

P.71　　　　圖案縫法

P.73　　　　獨門技法

P.80 - P.134　**How to make**

★隨書附贈兩大紙型

Chapter 1

因為有你，我懂得愛。

If I know what love is, it's because of you.

patchwork bag

01

Cotswolds
提袋

布塊間的交錯拼接，
猶如小木屋。

How to make /
作法→P. 80 至 P. 81
紙型 A面

patchwork bag

02
Cotswolds
小牛奶袋

美的線條，簡單呈現。

How to make /
作法→P. 82 至 P. 83
紙型 A面

patchwork bag

03
紫色戀人提袋

幸福，從不在別人的眼中，
而是在自己的心中。

將竹筷纏繞蠟繩,
製作極具造型的提把。

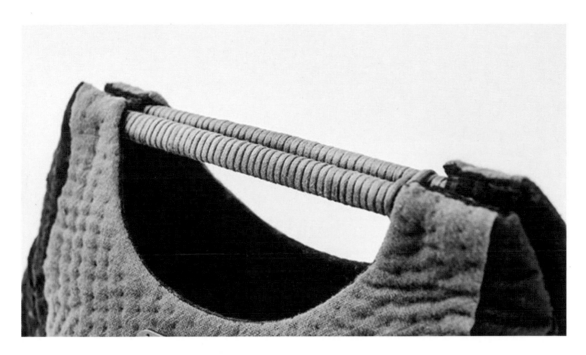

別緻的繡球花胸針,使作品更時尚。

How to make /
作法→P. 84 至 P. 85
紙型 B面

patchwork bag

04
紫色戀人化妝包

袋身前片與後片的弧形設計，
更顯優美。

How to make /
作法→P. 86 至 P. 87
紙型 B面

patchwork bag

05

鏡子刺繡提袋

容，是智慧；
靜，是修養。

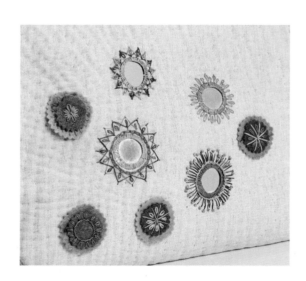

融入鏡子刺繡的技法，
使作品更耀眼。

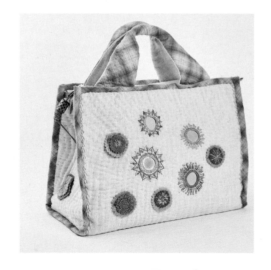

How to make /
作法→P. 88 至 P. 89
紙型 A面

patchwork bag

06

鏡子刺繡
小波奇包

你眼中的世界，
其實是你內心的投射。

搭配不同的刺繡圖騰，使作品更加與眾不同。

How to make /
作法→P. 90
紙型 A面

patchwork bag

07

璀璨之星提袋

沒有炫麗的外表，只有樸實的真心。

加入羊毛不織布和刺繡的設計，
映顯袋物的優雅。

How to make /
作法→P.91 至 P.92
紙型 B面

patchwork bag

08

璀璨之星
迷你包

我不追求名牌，
　　我就是名牌。

How to make /
作法→P. 93
紙型 B面

patchwork bag

09

藍色夢幻提袋

氣質，是永不褪色的美。

袋物加上簡單的刺繡，精簡而美。

How to make /
作法→P. 94 至 P. 97
紙型 A面

patchwork bag

10
藍色夢幻化妝包

美的作品，
不需要太華麗。

How to make /
作法→P.98 至 P.99
紙型 A面

patchwork bag

11
Donut提袋

以六角花園，
拼接成甜甜圈的造型。

How to make /
作法→P. 100 至 P. 101
紙型 D面

patchwork bag

12
Donut波奇包

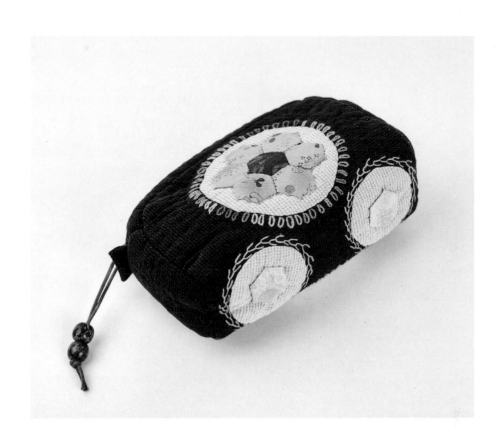

六角花園的外面加上刺繡，
讓波奇包更精美。

How to make /
作法→P.102 至 P.103
紙型 D面

patchwork bag

13
紫藤花提袋

可愛又具創意的紫色立體果實，
加上側身拉環的設計，
使袋物更加迷人。

How to make /
作法→P. 104 至 P. 106
紙型 A面

14

紫藤花長夾

幸福的人，凡事懂得感恩。

How to make /
作法→P. 107
紙型 A面

35

patchwork bag
15
楓葉大提袋

感謝生命中，
　巧遇的你。

How to make /
作法→P. 108 至 P. 110
紙型 C面

patchwork bag

16

楓葉小提袋

我在深秋,
　　遇見知心的你。

How to make /
作法→P. 111 至 P. 112
紙型 C面

patchwork bag

17

蒲公英後背包
(深)

40

做自己，最快樂。

How to make /
作法→P. 113 至 P. 115
紙型 C面

41

運用簡單的奇異襯，
使口金包增添典雅。

How to make /
作法→P. 116
紙型 C面

patchwork bag

19

蒲公英後背包
(淺)

How to make /
作法→P. 113 至 P. 115
紙型 C面

patchwork bag

20

蒲公英口金包

（淺）

How to make /
作法→P. 116
紙型 C面

patchwork bag

21

踏青後背包
(深)

不管什麼天氣，
帶著美麗的心情，
踏青去。

How to make /
作法→P.117 至 P.120
紙型 B面

patchwork bag

22

踏青零錢包
(深)

簡單的繡花，
讓貝殼包更加分。

How to make /
作法→P. 121
紙型 B面

49

How to make /
作法→P. 117 至 P. 120
紙型 B面

patchwork bag
23
踏青後背包
(淺)

patchwork bag

24

踏青零錢包
(淺)

How to make /
作法→P. 121
紙型 B面

揚起嘴角,微笑吧。

patchwork bag
25
小確幸後背包
(深)

How to make /
作法→P. 122 至 P. 124
紙型 D面

patchwork bag
26
小確幸口金包
（深）

How to make /
作法→P. 125 至 P. 126
紙型 D面

patchwork bag

27

小確幸後背包

(淺)

心頭若無牽掛事，
便是人間好時光。

How to make /
作法→P. 122 至 P. 124
紙型 D面

patchwork bag

28

小確幸口金包

（淺）

學會簡單，你就不簡單。

搭配別緻的口金，
更襯托出典雅。

How to make /
作法→P. 125 至 P. 126
紙型 D面

patchwork bag

29
Lucky後背包

皮製拉鍊的縫製，
完成前口袋的設計。

How to make /
作法→P. 127 至 P. 130
紙型 C面

patchwork bag

30

Lucky
口金零錢包

陪伴，
是最長情的告白。

How to make /
作法→P. 131
紙型 C面

patchwork bag
31
鄉村小提袋

patchwork bag
32
鄉村小零錢包

郷村小提袋
How to make /
作法→P. 132 至 P. 133
紙型 C面

背心造型的提袋，
加上郷村風的可愛圖案，
呈現更惬意的郷村氣息。

郷村小零錢包
How to make /
作法→P. 134
紙型 C面

Chapter 2

有愛的心，永遠年輕。
A heart that loves is always young.

★本書所附作法說明&紙型皆為實際尺寸，製作時請外加0.7cm縫份。

★三合一壓線:表布+鋪棉+胚布三層疊合使用，可使壓線時白色棉絮不易被拉出。

★因氣候差異，紙型尺寸略有落差。請以實際製作尺寸為主。

★除特別標示外，手縫皆使用單線。

工具介紹

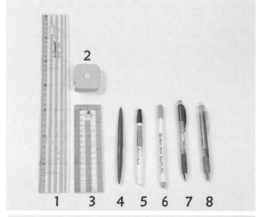

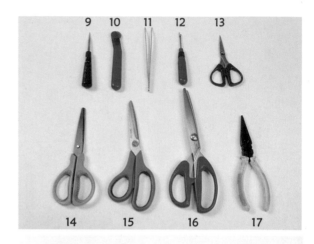

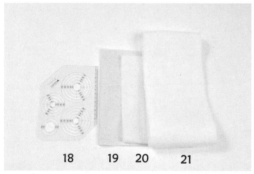

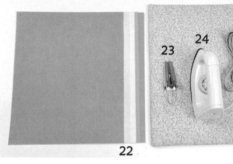

1 **定規尺** 能準確描繪長度；為增加刻度的辨識，故有顏色的區分。

2 **捲尺** 長度150cm，可補足一般直尺不夠用的刻度。

3 **小定規尺** 長度15cm，能準確地描繪長度，為增加刻度的辨識，故有顏色的區分。

4 **鐵筆** 與布用複寫紙搭配使用，可將圖形複印至布料。

5 **消失筆〔空消〕** 方便於布料上製作記號，約數十分鐘後會消失。

6 **消失筆〔水消〕** 方便於布料上製作記號，噴水後即可消失。

7 **墨西哥筆** 類似粉土筆，方便於布的上面畫記號。

8 **摩擦筆** 暫時性的記號筆，摩擦能使記號消失。

9 **尖錐** 可輔助將布料的尖角挑出，完成漂亮的角度。

10 **點線器** 於布料的表面做壓痕記號。

11 **夾子** 可將布料的背面翻到正面。

12 **拆線器** 能輕易拆除縫線。

13 **線剪** 便於製作貼布縫，方便剪一般的線頭。

14 **紙剪** 製作拼布前，建議準備一把專門剪紙的剪刀。

15 **布剪** 建議選擇一把品質較好、較輕的剪刀。

16 **鋸齒剪** 建議選擇一把品質較好的鋸齒剪。

17 **尖嘴鉗** 用於裁斷鐵絲。

18 **圓圈版** 用於壓線時，方便畫圓圈。

19 **胚布** 進行三合一壓線時，表布+鋪棉+胚布三層疊合壓線時使用，可使壓線時白色棉絮不易被拉出。

20 **紙襯** 便於描繪紙型和圖形。

21 **鋪棉** 市售的鋪棉可分單面膠、雙面膠、無膠的款式，可依作品的需求選擇。

22 **布用複寫紙** 方便將圖形複印到布的表面。

23 **滾邊器** 輔助製作滾邊布條。

24 **熨斗** 可將布料燙平。

25 **兩用板** 一面為砂板，可防止布料滑動；一面為燙墊。

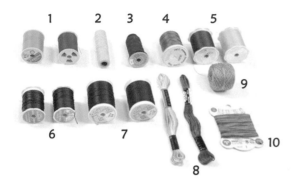

1　**車縫線**　一般車縫線，粗細適中
2　**疏縫線**　可暫時固定布料位置，縫合後容易拆除
3　**貼布縫線**　比一般的線更細適合作貼布縫
4　**貼布縫線**　比一般的線更細適合作貼布縫
5　**梅花線〔壓縫線〕**　比一般線更粗，韌性更好
6　**絹線**　可當壓線也可當繡線
7　**皮革線**　縫合提把使用
8　**25號繡線**　最常使用的繡線為六股線撚合而成
9　**8號繡線**　比一般的繡線更粗亮度更好
10　**繡線**　依不同作品，選擇不同的繡線，為六股線撚
　　　合而成

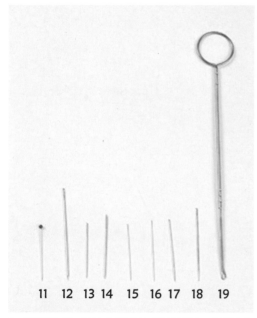

11　**耐熱珠針**　用於布料和布料的固定，可熨斗
　　　熨燙
12　**娃娃針**　長度較長，方便製作柿子底部的十
　　　字繡
13　**細針**　適合縫合裝飾珠
14　**刺繡針**　比一般的針款更粗，洞口較大
15　**12號針**　適合縫合裝飾珠
16　**10號針〔貼布縫針〕**　比一般針款更細
17　**8號針**　用於布料和布料的縫合，亦可來用壓線
18　**疏縫針**　疏縫固定用的針
19　**返裡針**　方便將布翻到正面

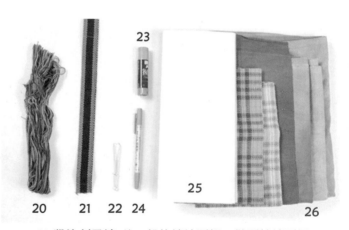

20　**段染刺子線**　比一般的繡線更粗，做顆粒繡更好
21　**織帶**　方便作包包的提把或背帶
22　**夾子**　方便穿好織帶
23　**口紅膠**　方便將布撚合好容易貼縫
24　**轉印筆**　方便將圖形複印
25　**轉印紙**　搭配轉印筆方便描繪圖形，用水噴即能將圖形
　　　消失
26　**各式布料**　可依個人需求挑選或搭配

基礎繡法

■ 輪廓繡

① 在布上畫好
　葉梗，1出針。

② 針距0.6公分
　往上0.2公分，
　2入→3出。

③ 依同樣方法
　完成所需長度。

■ 直線繡

① 在布上畫好直
　線和中心點。

② 由中心點出針。

③ 將線拉到直線
　的最外面入針。

④ 由中心點出針，拉到最外面入針。

⑤ 完成圖。

■ 顆粒繡

① 1出。

② 沿著針以線
　纏繞3-4圈。

③ 2入，使形狀
　形成小圓。

④ 完成一個顆
　粒繡。

⑤ 依同樣方法完
　成多個顆粒繡，
　即完成。

■ 毛毯邊縫

① 在布上畫
　好上下兩
　條線。

② 1出。

③ 2入→3出。

④ 將線拉出。

⑤ 4入→5出。

⑥ 將線拉出。

⑦ 依同樣方
　法完成，
　最後一針
　要將線鎖
　住。

⑧ 完成圖。

■ V字繡　(請看紅色繡線)

① 做好輪廓繡，
　1出。

② 由針的另一端
　穿過輪廓繡重
　疊處。

③ 在右方2入針。

④ 3出。

⑤ 4入。

⑥ 完成圖。

■ 羽毛繡

① 在布上畫好葉梗。

② 由葉梗處1出，2入→3出。

③ 葉梗左方0.4公分，再於半圓處3出將線纏繞好。

④ 將線拉出。

⑤ 依上述作法右邊再繡一次（4入→5出）。

⑥ 重複多次，最後一針要將半圓卡住，即完成。

■ 千鳥縫

① 在布上畫好上下兩條線。

② 1出。

③ 2入→3出。

④ 將線拉出。

⑤ 4入→5出。

⑥ 將線拉出。

⑦ 完成圖。

■ 鎖鍊繡

① 在布上畫好圓。

② 1出。

③ 同雛菊繡作法（請參考雛菊繡）。

④ 2入→3出。

⑤ 依同樣方法完成。

⑥ 完成圖。

■ 魚骨繡

① 在布上畫好圖。

② 1出針。

③ 2入→3出〔左邊〕。

④ 將線拉出。

⑤ 4入→5出〔右邊〕。

⑥ 依同樣方法完成。

⑦ 一左一右。

⑧ 完成圖。

■ 緞面繡

 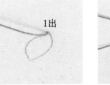 

① 在布上畫好圖。

② 1出。

③ 2入→3出。

④ 4入→5出。

⑤ 完成圖。

■ 雛菊繡-樹枝狀

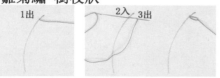

① 在布上畫好花梗，1出。　② 2入→3出。　③ 在線的圓圈外4入針。　④ 將線拉入。　⑤ 依同樣方法完成。

■ 雛菊繡-圓圈

① 在布上畫好一個圓和圓心的點。　② 由圓心出針。　③ 將線繞成一個圓，再從圓的邊緣出針。　④ 將針拉出。　⑤ 依順序完成。　⑥ 完成圖。

■ 雙重雛菊繡

① 1出針。　② 2入→3出。　③ 將線拉出。　④ 4入針。　⑤ 完成外圈較大的雛菊繡。　⑥ 依同樣方法完成較小的雛菊繡。　⑦ 完成圖。

■ 上下釦眼繡

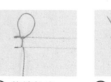

① 在布上畫好上下兩條線，1出。　② 2入→3出。　③ 將線拉出。　④ 4入→5出。　⑤ 將線拉出，成一個圓。　⑥ 再將針穿過圓。

⑦ 將線拉出。　⑧ 將線拉緊。　⑨ 6入→7出。　⑩ 8入→9出。　⑪ 重複動作，繡出所需的長度。　⑫ 最後將線鎖住，即完成。

圖案縫法

■ 六角花園

*P. 30
Donut波奇包

① 依紙型裁剪小布片。

② 以疏縫線將布和紙板縫合。

③ 縫合紙板的完成圖。

④ 縫合好7片。

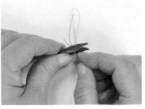

⑤ 兩片以捲針縫縫合。

⑥ 兩片以捲針縫縫合。

⑦ 再以捲針縫縫合第1排和第2排。

⑧ 再以捲針縫縫合第2排和第3排。

⑨ 組合完成,用熨斗整燙定型。

⑩ 用小剪刀剪掉疏縫線,將線拆掉。

⑪ 將紙板取出。

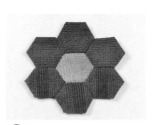

⑫ 正面的完成圖。

■ 貼布縫製作

* P. 62
鄉村小提袋

① 剪下外加縫份的布。

② 由凹處起針
〔凹處剪牙口〕。

③ 縫合四周 ，最後一針
在布的正面。

④ 以熨斗整燙定型，再
取出紙板，再打結。

⑤ 將做好的布縫合在
指定的位置上。

⑥ 以貼布縫針和貼布
縫線縫好，即完成。

■ 楓葉

① 準備紙型。

② 將紙襯燙在布的背
面，縫份0.7cm剪下。

* P. 36
楓葉大提袋

③ 將布全部組合
〔縫份倒向深色布〕。

④ 正面的完成圖。

獨門技巧

■ 羊毛不織布

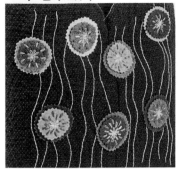

準備材料：羊毛不織布、
　　　　　　8號繡線

P. 20
璀璨之星提袋

① 以鋸齒剪剪4公分和
　5公分的圓。

② 用黃色8號線縫雛菊繡第一圈，
　用紅色8號線縫雛菊繡第二圈，
　用淺藍8號線繡雛菊繡第三圈。

■ 奇異襯

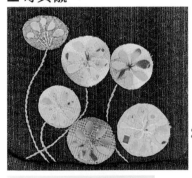

P. 40
蒲公英後背包

① 取好紙型。

② 奇異襯放在圖形的
　上面，並畫好圖形，
　將奇異襯貼在布的
　背面，以熨斗燙好。

③ 沿著紙型剪下
　圖型。

④ 掀開奇異襯。

⑤ 再將布燙在主布圖案
　位置上面。

■ 貓頭鷹

＊
P.58
Lucky後背包

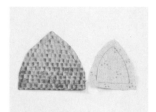

① 裁前片和後片
〔縫份外加0.5公分〕。

② 將兩片布料正面相
對，沿記號線縫合
右側，在止縫點打
結。

③ 再沿著記號點縫合
左側。

④ 將最上方的深色布
對齊。

⑤ 將深色布縫好。

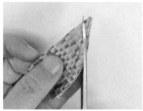

⑥ 修剪步驟5上方深
色布。

⑦ 翻回正面，尖角處
以鐵筆頂出調整。

⑧ 放入棉花。

⑨ 底部縮縫。

⑩ 以鐵筆將棉花塞入。

⑪ 再以鐵筆將縫份
塞入。

⑫ 以8號針戳入底部
起針。

⑬ 將上方尖角向下摺，
抓出貓頭鷹尖尖的
鼻形。

⑭ 找好鼻子的位子，將
針穿過鼻尖，由底部
出針固定。

⑮ 由底部再入針將線
拉入。

⑯ 將右眼睛縫合好。

⑰ 再由淺咖布入針到左邊眼睛位子。

⑱ 將左眼睛縫合好。

⑲ 再由淺咖布入針將線拉到底部打結，即完成。

■ 紫色立體果實

※ P.32
紫藤花提袋

準備材料：8號繡線、布

① 畫好5公分的圓。

② 用剪刀剪下。

③ 四周疏縫一圈。

④ 放入棉花。

⑤ 將線拉緊。

⑥ 由底部入針將線拉到頂端。

⑦ 做好花瓣的分配。

⑧ 在中間處做好顆粒繡，即完成。

■ 造型提把

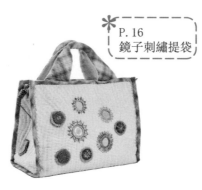

P. 16
鏡子刺繡提袋

① 依紙型剪好鋪棉和紙襯。

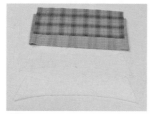

② 準備好布、紙襯、鋪棉。

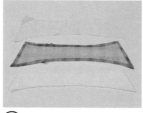

③ 將紙襯燙在布的背面並剪下。

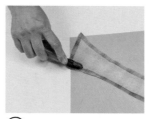

④ 將布用複寫紙以滾刀畫出紙襯記號。

⑤ 布的正面有記號線。

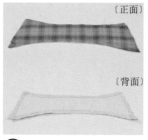

〔正面〕

〔背面〕

⑥ 布、鋪棉、胚布三合一（正、背面圖）。

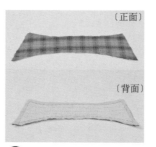

〔正面〕

〔背面〕

⑦ 布、鋪棉、胚布，三合一壓線（正、背面圖）。

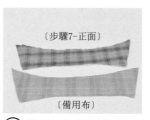

〔步驟7-正面〕

〔備用布〕

⑧ 剪另一片備用的布。

⑨ 縫合上下兩邊。

⑩ 以返裡針翻回正面。

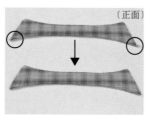

〔正面〕

⑪ 翻回正面，修剪多餘的布。

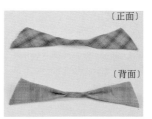

〔正面〕

〔背面〕

⑫ 在中間5公分處縫合好，造型提把的完成圖〔正、背面圖〕。

■ 鏡子刺繡

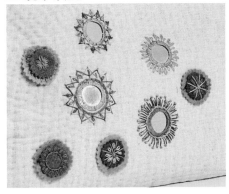

準備材料：布、25號繡線、8號繡線及刺繡鏡子。

① 將鏡子上下的膜拆掉。

＊ P.16
鏡子刺繡提袋

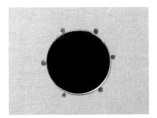

② 在鏡子的四周做上記號。

③ 用25號繡線在記號線縫上星芒的線。

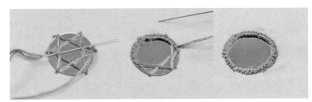

④ 以25號線沿著鏡子的四周開始縫合。

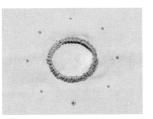

⑤ 在鏡子的1公分周圍畫上記號。

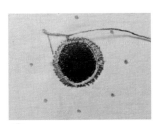

⑥ 以千鳥縫縫合。

⑦ 以千鳥縫完成四周整圈。

⑧ 再用深紫色以千鳥縫縫合。

⑨ 用8號藍色繡線縫上雛菊繡。

⑩ 用8號紅色繡線縫上雛菊繡，即完成。

■ 竹筷提把

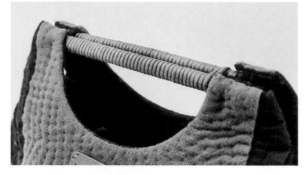

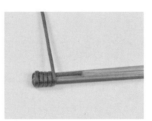

準備材料：
　　竹筷1雙和段染蠟繩。

① 將竹筷裁成長22公分。

*P. 12
紫色戀人提袋

② 用段染蠟繩纏繞。

③ 竹筷提把的完成圖。

■ 繡球花

① 依紙型剪好花瓣3瓣，
共30瓣。
（每3瓣為1小朵，共10小朵）

② 準備好花芯，並在
每辦花瓣正中間以錐子
穿一個洞。

*P. 12
紫色戀人提袋

準備材料： 花蕊、布、白膠、
花藝用鐵絲＃26、尖嘴鉗。

③ 將花蕊對摺，穿入
三辦花瓣的中間洞口。

④ 用白膠黏第1、第2辦
花瓣，再與第3瓣花
瓣黏合，完成1小朵。

⑤ 每10朵小花，為1大朵。

⑥ 將花藝用鐵絲＃26，裁成3等分，取其一等分，於上端摺個勾勾。

⑦ 將10朵小花用此勾勾全部套住。

⑧ 將綠色用布剪一長條(寬0.2公分)，用白膠黏在鐵絲上，鐵絲由上往下開始纏繞並黏住。

⑨ 一大朵花的完成圖，共完成4大朵。

⑩ 依紙型剪好葉子2片(共8片)。
（每2片葉片為一組，共4組）

⑪ 取第1片葉片，塗好白膠，鐵絲對半剪成2份，取其中1份。

⑫ 放上第2片葉片，完成1組葉子。

⑬ 用鋸齒剪刀，使葉子呈現鋸齒狀。

⑭ 將綠色用布剪一長條(寬0.2公分)，用白膠黏在鐵絲上，鐵絲由上往下開始纏繞並黏住。

⑮ 共完成4組葉子。

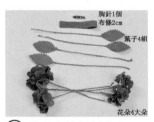

⑯ 將所有的材料備好。
（胸針1個、布條2cm、葉子4組、花朵4大朵）

⑰ 將花和葉子交叉放置。

⑱ 以2公分布條纏繞，並將胸針固定。

⑲ 以錐子將所有的鐵絲纏繞。調整好花和葉子，即完成。

01
Cotswolds提袋

完成尺寸：25x15x33cm
紙型A面

P.08

📷 **準備材料：**

袋身表布小布片	適量	
袋身深布片	適量	
袋底表布	17x27cm	1片
內裡	65x110cm	
紙襯、鋪棉、胚布	35x100cm	
ㄇ形鋁框口金	25cm	1組
提把		1組
口金布	7x42cm	2片

📷 **How to make:**

1 拼接前片袋身表布，三合一壓線。

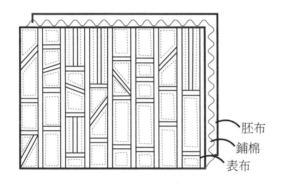

胚布
鋪棉
表布

2 拼接後片袋身表布，三合一壓線。(同步驟1)

3 袋底表布，三合一壓線。

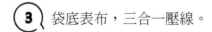

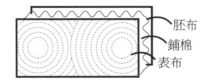

胚布
鋪棉
表布

4 組合步驟1+步驟2，再組合步驟3。

4-1

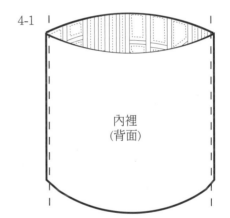

內裡
(背面)

4-2

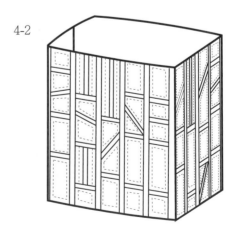

⑤ 裁一片袋身前片內裡〔口袋設計好〕。

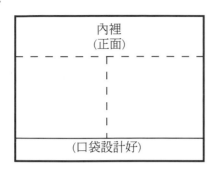

內裡
(正面)

(口袋設計好)

⑥ 裁一片袋身後片內裡〔口袋設計好〕。(同步驟5)

⑦ 裁一片與步驟3相同尺寸的袋底內裡。

⑧ 組合步驟5+步驟6，
再組合步驟7〔袋底留12公分返口〕。

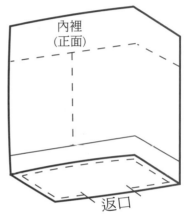

內裡
(正面)

返口

⑨ 將步驟8套入步驟4，正面對正面，
車縫一圈〔放入口金布：7x42cm，共兩片〕，
由內裡返口處翻回正面，返口處縫合好。

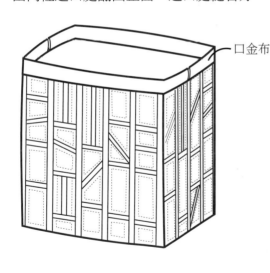

口金布

⑩ 裝上口金，縫上提把〔中心點左右各7.5公分〕，即完成。

patchwork bag
02
Cotswolds
小牛奶袋

完成尺寸：8x8x22cm
紙型A面

P.10

準備材料：

袋身表布小布片	適量	
袋身深布片	適量	
袋底表布	10x10cm	1片
內裡	35x35cm	
紙襯、鋪棉、胚布	35x35cm	
拉鍊	20cm	1條
皮件		1組

How to make:

1 拼接袋身表布，三合一壓線+一片內裡，左右滾邊〔只滾滾邊寬0.5cm，2片〕，縫上拉鍊。

1-1

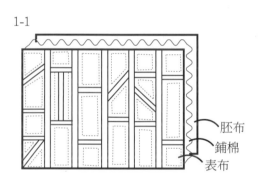

胚布
鋪棉
表布

1-2

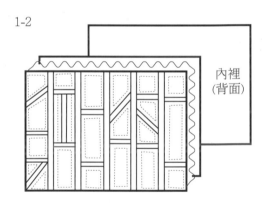

內裡
(背面)

1-3

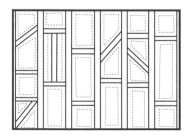

1-4

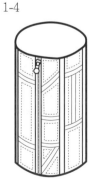

2 將下方所有的縫份包邊處理。

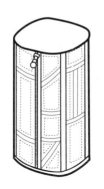

包邊

3 袋底三合一壓線+一片內裡,正面對正面,
車縫一圈留一返口,由返口翻回正面,返口處縫合好。

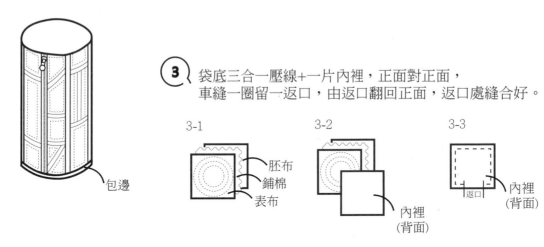

3-1

胚布
鋪棉
表布

3-2

內裡
(背面)

3-3

內裡
(背面)

返口

4 組合步驟2+步驟3。

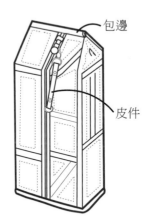

5 袋口處,兩邊的側身往內折到中間,
再包邊處理好,裝上皮件,即完成。

包邊

皮件

patchwork bag

03
紫色戀人提袋

完成尺寸：37x12x28cm

紙型B面

P.12

準備材料：

前後淡色布	30x33cm	2片
前後中色布	5x33cm	4片
前後深色布	5x30cm	4片
前後最深布	5x23cm	4片
袋底表布	15x41cm	1片
側身表布	15x22cm	2片
內裡	2尺	
紙襯、鋪棉、胚布	45x90cm	
皮標	4x5.5cm	1片
竹筷		1雙
段染蠟繩	適量	

How to make：

1 〔拼接前片表布〕+袋底+〔拼接後片表布〕，三合一壓線。

2 裁一片與步驟1相同尺寸的內裡〔口袋設計好〕，再與步驟1組合，正面對正面，車縫一圈留一返口，由返口翻回正面，返口處縫合好。

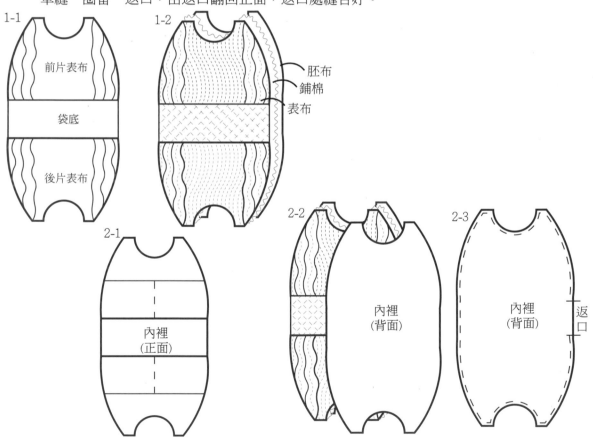

3 3-1 側身表布三合一壓線+一片內裡
3-2 正面對正面，車縫一圈留一返口
3-3 由返口翻回正面，返口處縫合好，完成2片

4 組合步驟2+步驟3。

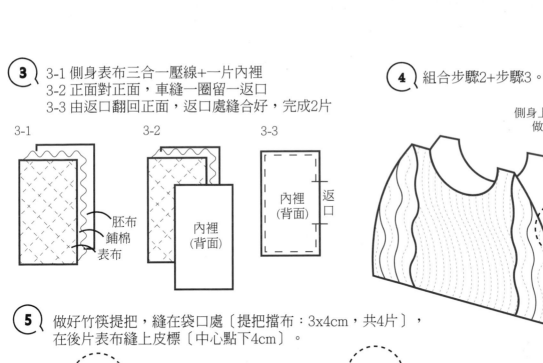

3-1

胚布
鋪棉
表布

3-2

內裡
(背面)

3-3

內裡
(背面)

返口

側身上方中間處，
做一個折

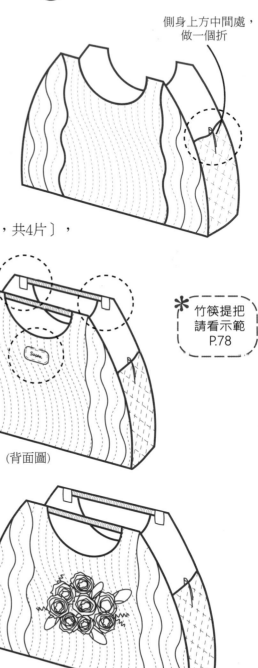

5 做好竹筷提把，縫在袋口處〔提把擋布：3x4cm，共4片〕，
在後片表布縫上皮標〔中心點下4cm〕。

提把擋布

(正面圖)

(背面圖)

＊ 竹筷提把
請看示範
P.78

＊ 繡球花
請看示範
P.78

6 做好繡球花，別在袋子前片表布正中間，即完成。

patchwork bag
04
紫色戀人化妝包

完成尺寸：18x6x12cm
紙型B面

P.14

🔘 準備材料：

前後淡色布	10x13cm	2片
前後中色布	4x13cm	4片
前後深色布	4x13cm	4片
前後最深布	4x13cm	4片
袋底表布	8x20cm	1片
側身表布	8x13cm	2片
內裡	30x40cm	
紙襯、鋪棉、胚布	30x40cm	
拉鍊	18cm	1條
拉鍊裝飾布	4x5cm	2片
皮標	4x5.5cm	1片
布花用布	適量	

🔘 How to make：

1 拼接前片表布+袋底+後片表布，三合一壓線+一片內裡，正面對正面，
車縫左右兩邊，由袋口翻回正面，上下滾邊。

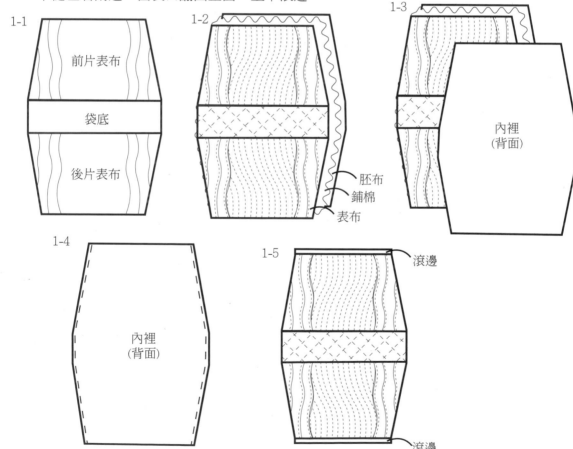

2 裁一片側身表布，三合一壓線+一片內裡，正面對正面，車縫四周，由返口翻回正面，返口處縫合好。

2-1　胚布　鋪棉　表布

2-2　內裡（背面）

2-3　內裡（背面）　返口

3 組合步驟1+步驟2，縫上拉鍊，縫上拉鍊裝飾布。

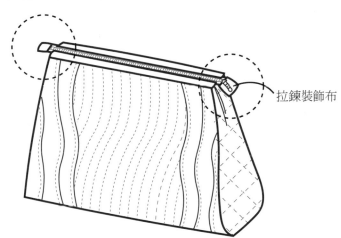

拉鍊裝飾布

✳ 繡球花
請看示範
P.78

4 做好繡球花，別在袋子前片正中間；將皮標〔中心點下3cm〕縫在後片正中間，即完成。

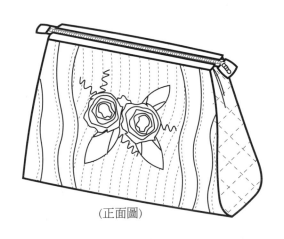

（正面圖）

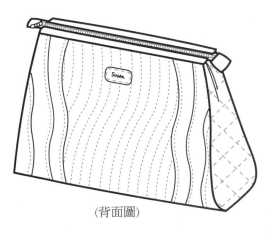

（背面圖）

patchwork bag
05
鏡子刺繡提袋

完成尺寸：32x16x24cm
紙型A面

P.16

◎ 準備材料：

袋身表布	35x70cm	1片
側身表布	18x25cm	2片
滾邊 ⎰側身上方	4x18cm	2片
⎰前後片上方	4x33cm	2片
⎰整個袋身	4x66cm	2片
紙襯、鋪棉、胚布	33x104cm	
內裡	1.5尺	
袋口口布	12x31cm	2片
提把布	9x35cm	4片
拉鍊	35cm	1條
拉鍊裝飾布	5x7cm	2片
羊毛不織布	適量	
25號8號繡線	適量	
鏡子	2.5cm	8片

◎ How to make:

1 在袋身表布做好鏡子刺繡(上下各4片)，三合一壓線，做好羊毛不織布，縫在袋身表布上。

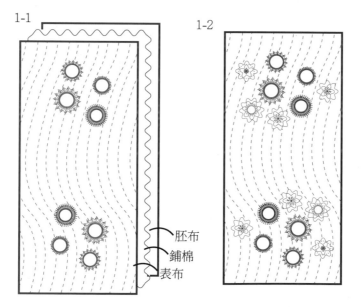

1-1

1-2

胚布
鋪棉
表布

⁕ 鏡子刺繡
請看示範
P.77

⁕ 羊毛不織布
請看示範
P.73

胚布
鋪棉
表布

2 側身表布三合一壓線，做好羊毛不織布，縫在側身表布上。

3 袋身內裡口袋設計好+步驟1，背面對背面，四周固定好，上下滾邊。

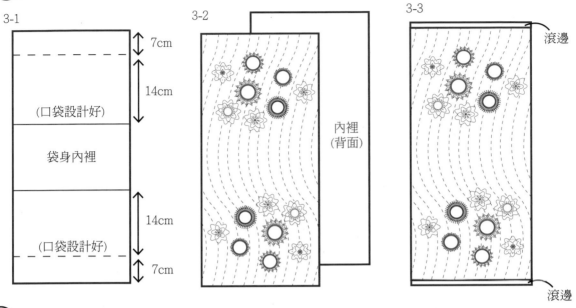

3-1

7cm

14cm

(口袋設計好)

袋身內裡

14cm

(口袋設計好)

7cm

3-2

內裡
(背面)

3-3

滾邊

滾邊

4 側身內裡+步驟2，背對背，上面滾邊，
完成兩片。

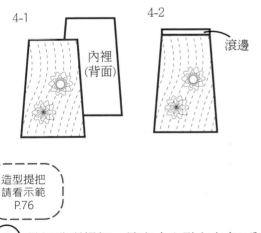

4-1

內裡
(背面)

4-2

滾邊

5 組合步驟3+步驟4，用滾邊布整個滾邊處理。

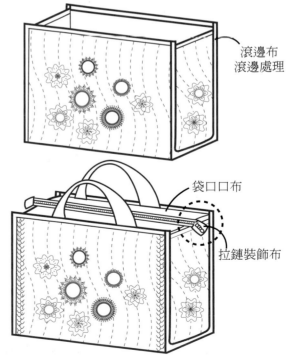

滾邊布
滾邊處理

袋口口布

拉鏈裝飾布

✲ 造型提把
請看示範
P.76

6 做好造型提把，縫在中心點左右各7公分。

7 做好袋口口布，縫上拉鍊，
拉鍊兩端縫上拉鍊裝飾布，縫合在袋口處，
在袋子的側邊繡上羽毛繡，即完成。

06
鏡子刺繡
小波奇包

完成尺寸：16x6x13cm

紙型A面

準備材料：

米色表布 B	11x24cm	2片
粉色表布 A	4x22cm	2片
粉色表布 C	4x24cm	2片
袋底表布	8x18cm	1片
內裡	24x38cm	
25號8號繡線	適量	
鏡子	2.5cm	2片
紙襯、鋪棉、胚布	24x38cm	
羊毛不織布	適量	
拉鍊	18cm	1條
滾邊	4x38cm	1片

How to make:

1 組合前片A+B〔做好鏡子刺繡〕+C，三合一壓線，做好羊毛不織布，縫合在前面表布上。

※ 鏡子刺繡
請看示範
P.77

※ 羊毛不織布
請看示範
P.73

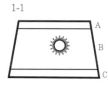

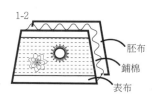

2 組合後片A+B〔做好鏡子刺繡〕+C，三合一壓線，做好羊毛不織布，縫合在前面表布上。(同步驟1)

3 袋底表布三合一壓線。

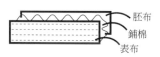

4 組合步驟1+步驟2，正面對正面，左右車縫好。

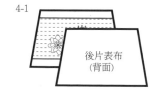

5 組合步驟3+步驟4。

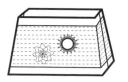

6 前片內裡+後片內裡，正面對正面，車縫左右兩邊。

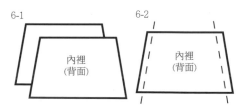

7 袋底內裡+步驟6。

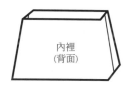

8 將步驟7套入步驟5，袋口滾邊，縫上拉鍊，在ABC接合處繡上羽毛繡，即完成。

patchwork bag

07
璀璨之星提袋

完成尺寸：25x12x40cm
紙型B面

P.20

○ 準備材料：

前後片表布	38x42cm	各2片
袋底表布	14x28cm	1片
羊毛不織布	適量	
內裡	70x110cm	(大小共用)
盼盼布	4x32cm	2片
提把D型環布	6.5x10cm	2片
25號段染繡線	適量	
紙襯、鋪棉、胚布	40x100cm	
提把		1組

○ How to make:

① 前片表布三合一壓線，繡好25號繡線。

② 後片表布三合一壓線，繡好25號繡線。（同步驟1）

③ 袋底表布三合一壓線。

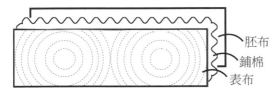

胚布
鋪棉
表布

1

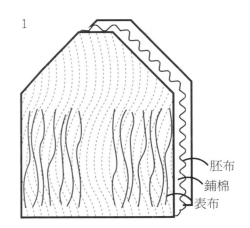

胚布
鋪棉
表布

④ 裁一片前片內裡（口袋設計好）+步驟1，正面對正面，車縫一圈留一返口，
由返口翻回正面，返口處縫合好。

4-1

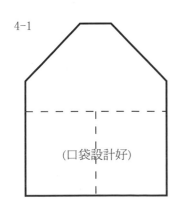

（口袋設計好）

4-2

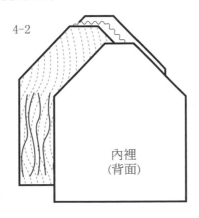

內裡
（背面）

4-3

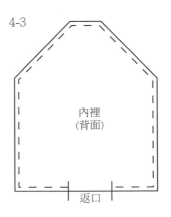

內裡
（背面）

返口

5 裁一片後片內裡（口袋設計好）+步驟2，正面對正面，車縫一圈，留一返口，由返口翻回正面，返口處縫合好。(同步驟4)

羊毛不織布
請看示範
P.73

6 裁一片袋底內裡+步驟3，正面對正面，車縫一圈，留一返口，由返口翻回正面，返口處縫合好。

7 做好璀璨之星的羊毛不織布14片，縫合在指定位置上。

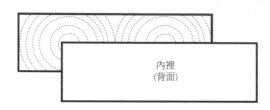

內裡
(背面)

8 組合步驟4 +步驟5，成一筒狀。

9 組合步驟6 +步驟8。

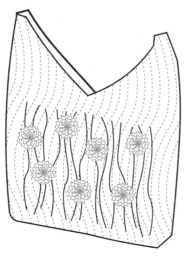

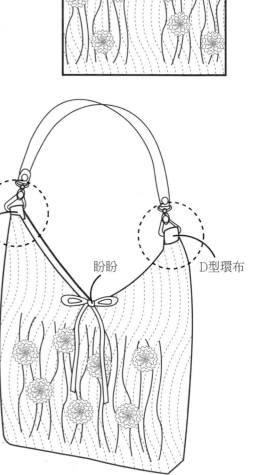

D型環布

盼盼

D型環布

10 做好盼盼布（4x32cm已含縫份，共2片），縫合在袋口正中間處。

11 做好提把D型環布
（6.5x10cm已含縫份，折成2.5x8cm，共2片）
縫在側身，再裝上提把，即完成。

patchwork bag
08
璀璨之星迷你包

完成尺寸：14x6x16cm

紙型B面

P.22

準備材料：

前後片表布	18x20cm	2片
側身表布	8x44cm	1片
羊毛不織布	適量	
內裡	26x44cm	
紙襯、鋪棉、胚布	26x44cm	
25號段染繡線	適量	
彈簧夾	12cm	1組

How to make:

1 前片表布三合一壓線，繡好25號繡線，
做好璀璨之星的羊毛不織布2片，縫合在指定位置上。

2 後片表布三合一壓線，繡好25號繡線，
做好璀璨之星的羊毛不織布2片，縫合在指定位置上。（同步驟1）

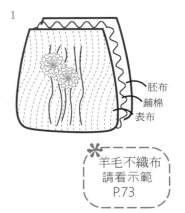

1

胚布
鋪棉
表布

✻ 羊毛不織布
請看示範
P.73

3 裁一片前片內裡+步驟1，正面對正面，車縫U字型，
由袋口翻回正面，袋口表布多出2公往內折，縫合在內裡處。

3-1
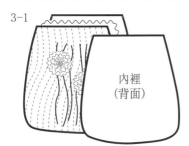

內裡
（背面）

3-2

內裡
（背面）

4 裁一片後片內裡+步驟2 ，正面對正面，車縫U字型，
由袋口翻回正面，袋口表布出2公往內折，縫合在內裡處。
（同步驟 3）

5 側身表布三合一壓線，加一片內裡，正面對正面，車縫一圈
留一返口，翻回正面，返口處縫合好。

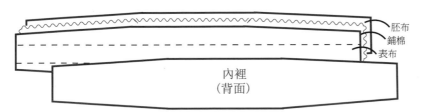

胚布
鋪棉
表布

內裡
（背面）

6 組合步驟3 +步驟5 +步驟4，
裝上彈簧夾，即完成。

patchwork bag
09
藍色夢幻提袋
完成尺寸：30x13x26cm
紙型A面

P.24

準備材料：

淺色表布	16x28cm	2片
深的配色布	適量	
側身表布	15x30cm	2片
側身口袋表布	15x15cm	2片
袋底表布	15x32cm	1片
滾邊 上下	4x26cm	2片
側身	4x15cm	2片
側身口袋	4x15cm	2片
袋身	4x70cm	2片
袋口口布	23x26cm	1片
提把布	6x32cm	2片
內裡	2尺	
25號繡線	適量	
拉鍊裝飾布	5x7cm	2片
紙襯、鋪棉、胚布	56x65cm	

How to make:

1 前片表布深色布拼接好+淺色布，三合一壓線，繡好花。

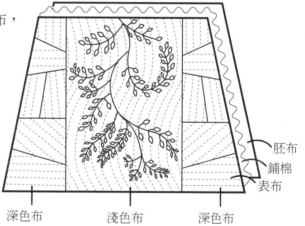

深色布　　　　淺色布　　　　深色布

胚布
鋪棉
表布

2 袋底表布三合一壓線。

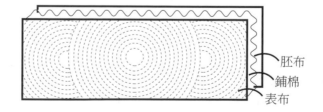

胚布
鋪棉
表布

3 後片表布深色布拼接好+淺色布，三合一壓線，繡好花。(同步驟1)

4 側身表布三合一壓線，完成2片。

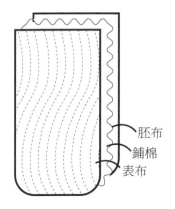

胚布
鋪棉
表布

5 側身口袋表布三合一壓線，繡好花，完成2片。

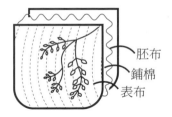

胚布
鋪棉
表布

7 裁一片側身口袋內裡+步驟5，
背面對背面，上面滾邊，完成2片。

7-1   7-2

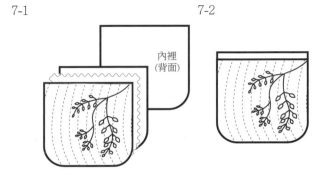

內裡
（背面）

6 組合步驟1+步驟2+步驟3。

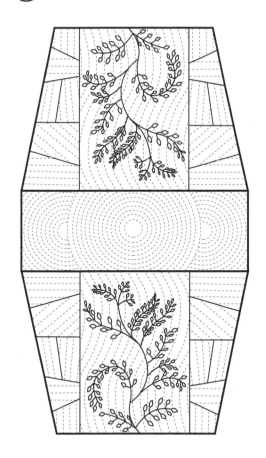

8 裁一片側身內裡+步驟4，
背面對背面+步驟7，上面滾邊，完成2片。

8-1   8-2

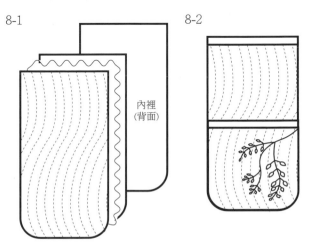

內裡
（背面）

9 裁一片前片內裡〔口袋設計好〕。

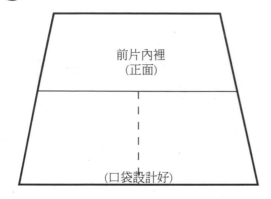

前片內裡
(正面)

(口袋設計好)

10 裁一片袋底內裡。

袋底內裡

11 裁一片後片內裡〔口袋設計好〕。(同步驟9)

12 組合步驟9+步驟10+步驟11。

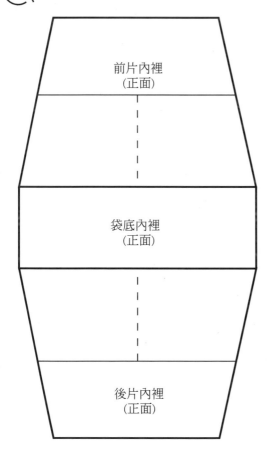

前片內裡
(正面)

袋底內裡
(正面)

後片內裡
(正面)

13 將步驟12+步驟6，背面對背面，上下滾邊。

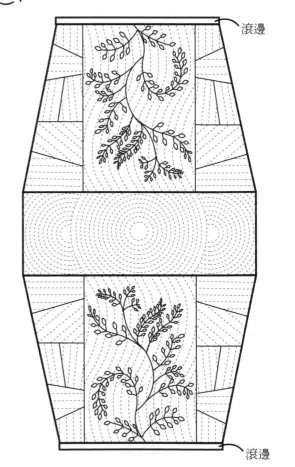

滾邊

滾邊

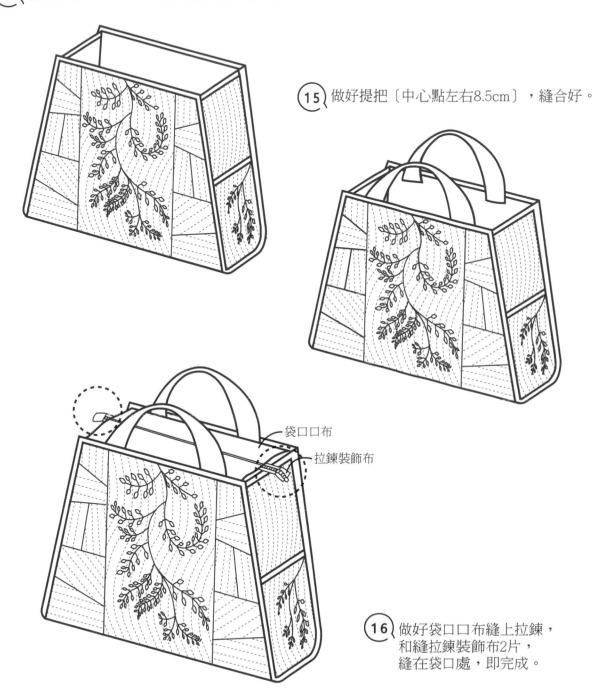

14 組合步驟8+步驟13，所有縫份用滾邊條包起來。

15 做好提把〔中心點左右8.5cm〕，縫合好。

袋口口布

拉鍊裝飾布

16 做好袋口口布縫上拉鍊，
和縫拉鍊裝飾布2片，
縫在袋口處，即完成。

patchwork bag
10
藍色夢幻化妝包
完成尺寸：16x6x11cm

紙型A面

P.26

🌀 **準備材料：**

淺色表布	8x13cm	2片
深的配色布	適量	
袋底表布	8x16cm	1片
側身表布	8x13cm	2片
滾邊	4x30cm	2片
袋口口布	6x12cm	2片
內裡	17x45cm	
25號繡線	適量	
拉鍊裝飾布	5x7cm	2片
紙襯、鋪棉、胚布	17x45cm	
拉鍊	15cm	1條

🌀 How to make:

① 〔拼接前片深色布+淺色布〕+袋底+〔拼接後片深色布+淺色布〕，
三合一壓線，繡好花。

② 2-1 側身表布三合一壓線，繡好花
2-2 加一片內裡，正面對正面
2-3 車縫上面翻回正面，完成2片

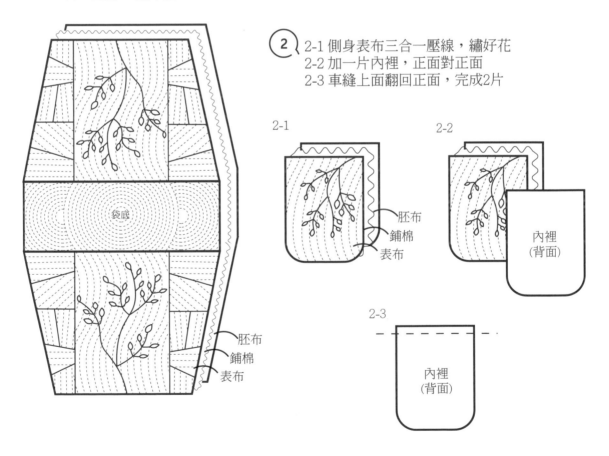

袋底

胚布
鋪棉
表布

2-1

胚布
鋪棉
表布

2-2

內裡
(背面)

2-3

內裡
(背面)

③ 裁一片步驟1的內裡，正面對正面，車縫上下翻回正面。

3-1

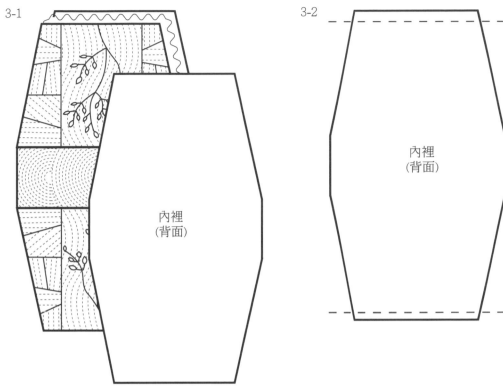

內裡
(背面)

3-2

內裡
(背面)

④ 組合步驟2+步驟3，將縫份滾邊。

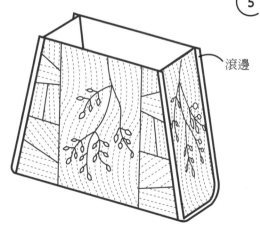

滾邊

⑤ 袋口口布〔折成2x9.5cm，共兩片〕做好，縫上拉鍊，
及縫上拉鍊裝飾布。將袋口口布縫合在袋口，即完成。

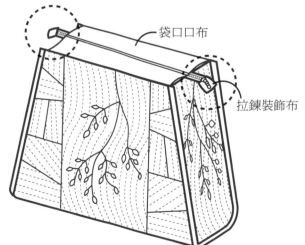

袋口口布

拉鍊裝飾布

patchwork bag
11
Donut提袋
完成尺寸：28x12x38cm
紙型D面

P.28

🐌 **準備材料：**

前後片表布	42x42cm	2片
袋底表布	15x30cm	1片
內裡	3尺	
貼布縫布	適量	
紙襯、鋪棉、胚布	62x100cm	
25號繡線	適量	
提把		1組

🐌 **How to make:**

① 前片表布貼縫好圓圈，再將組合好的六角花園貼布縫合在圓圈上，三合一壓線，
圓圈外的繡線用25號繡線鏽好。

✱ 六角花園
請看示範
P.71

1-1   1-2

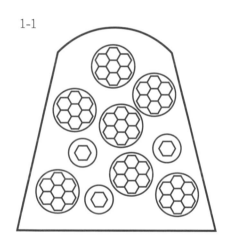

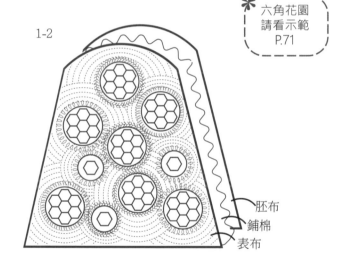

胚布
鋪棉
表布

② 後片表布貼縫好圓圈，再將組合好的六角花園貼布縫合在圓圈上，三合一壓線，
圓圈外的繡線用25號繡線鏽好。（同步驟1）

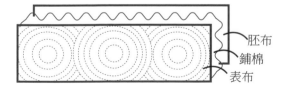

胚布
鋪棉
表布

③ 袋底三合一壓線。

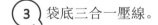

④ 裁一片前片內裡〔口袋設計好〕+步驟1，正面對正面，車縫一圈留一返口，
由返口翻回正面，返口處縫合好。

4-1

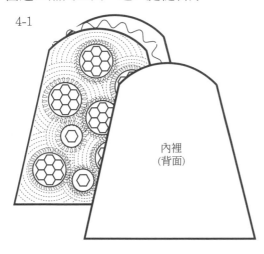

4-2

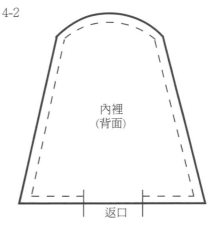

內裡
(背面)

返口

⑤ 裁一片後片內裡〔口袋設計好〕+步驟2，正面對正面，車縫一圈留一返口，
由返口翻回正面，返口處縫合好。(同步驟4)

⑥ 6-1 裁一片袋底內裡+步驟3，正面對正面，
6-2 車縫一圈留一返口，由返口翻回正面，返口處縫合好。

⑦ 組合步驟4+步驟5，再組合步驟6。

⑧ 縫上提把〔中心點左右各8cm〕，即完成。

6-1

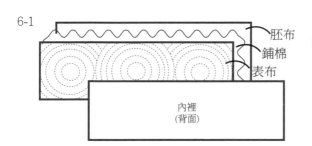

胚布
鋪棉
表布

內裡
(背面)

6-2

內裡
(背面)

返口

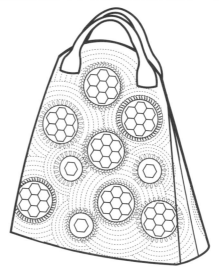

patchwork bag

12
Donut波奇包

完成尺寸：16x5x10cm

紙型D面

P.30

📷 準備材料：

袋身表布	18x26cm	1片
上側身表布	7x20cm	1片
下側身表布	7x8cm	2片
貼布縫布	適量	
滾邊	4x20cm	2片
拉鍊拉環布	4x5cm	2片
拉鍊	18cm	1條
紙襯、鋪棉、胚布	30x32cm	
內裡	30x32cm	
內裡包邊布	4x75cm	1片
25號繡線	適量	

📷 How to make：

① 袋身表布貼縫好圓圈，再將組合好的六角花園貼布縫合在圓圈，三合一壓線，
圓圈外的繡線用25號繡線繡好。

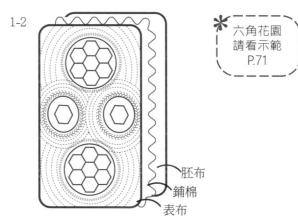

1-1

1-2

＊ 六角花園
請看示範
P.71

胚布
鋪棉
表布

② 上側身表布三合一壓線+一片內裡，背面對背面，從中間剪開，上下滾邊，縫上拉鍊。

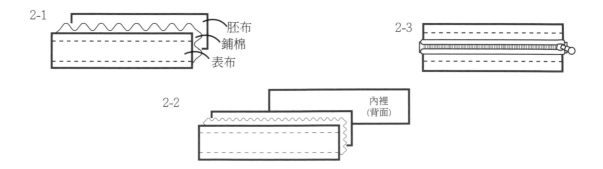

2-1

胚布
鋪棉
表布

2-3

2-2

內裡
(背面)

3 下側身表布三合一壓線+一片內裡，製作兩片。

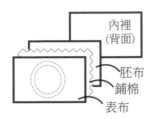

內裡
（背面）

胚布
鋪棉
表布

4 組合步驟2+步驟3〔記得放入拉鍊拉環布〕。

拉鍊拉環布　　　　　　　　　　　　　拉鍊拉環布

5 組合步驟1+步驟4，將所有的縫份用內裡布包邊處理，即完成。

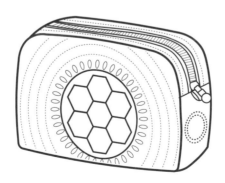

patchwork bag
13
紫藤花提袋

完成尺寸：26x13x30cm

紙型A面

P.32

◎ 準備材料：

A表布	30x42cm	2片
B表布	8x42cm	2片
磚塊布	適量	
袋底表布	16x30cm	1片
滾邊	4x42cm	2片
貼布縫布	適量	
25號繡線	適量	
內裡	1.5尺	
紙襯、鋪棉、胚布	35x100cm	
提把		1組
拉鍊	40cm	1條
側身皮片		4組
D型環		2個
問號勾		2個
立體果實	適量	

◎ How to make:

① 組合A(前片A1+後片A2)，再組合B(前、後片)，做好貼布縫，三合一壓線，
繡好花及紫色立體果實。

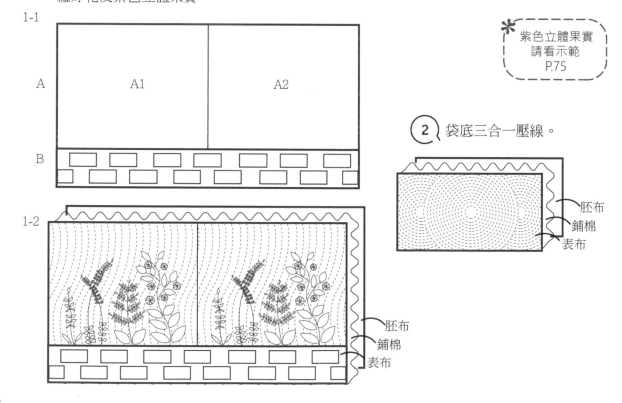

1-1

A

A1   A2

B

* 紫色立體果實
請看示範
P.75

② 袋底三合一壓線。

胚布
鋪棉
表布

1-2

胚布
鋪棉
表布

3 組合步驟1+步驟2，成一筒狀。

3-1

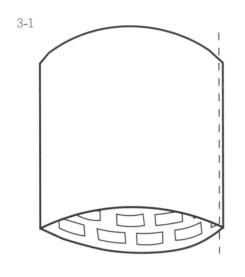

3-2

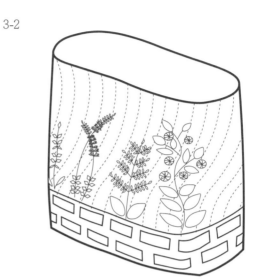

4 裁一片前片內裡〔口袋設計好〕+後片內裡〔口袋設計好〕。

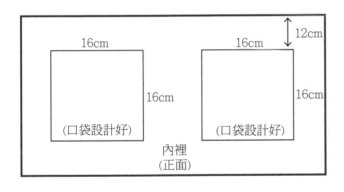

16cm

16cm

12cm

16cm

16cm

（口袋設計好）

（口袋設計好）

內裡
（正面）

6 組合步驟4+步驟5，成一筒狀。

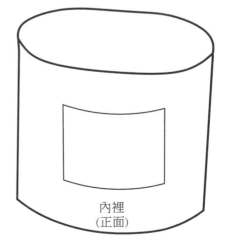

內裡
（正面）

5 裁一片袋底內裡。

內裡

7 將步驟6放入步驟3，袋口滾邊，縫上拉鍊。

7-1   7-2

8 縫上側身皮片〔袋底往上11cm處〕，縫上提把〔中心點左右各6cm〕，即完成。

11cm

patchwork bag

14
紫藤花長夾

完成尺寸：22x12cm

紙型A面

P.34

準備材料：

A表布	20x24cm	1片
B表布	5x24cm	2片
滾邊	4x68cm	1片
貼布縫布	適量	
25號繡線	適量	
內裡	25x25cm	
紙襯、鋪棉、胚布	25x25cm	
拉鍊	35cm	1條
皮拉環		1組

How to make:

① 拼接A+B，做好貼布縫；三合一壓線，繡好花，加一片內裡，背面對背面固定好。

1-1

A

B

② 滾邊三周，下面的縫份往內折縫合好，縫上拉鍊，裝上皮拉環，即完成。

1-2

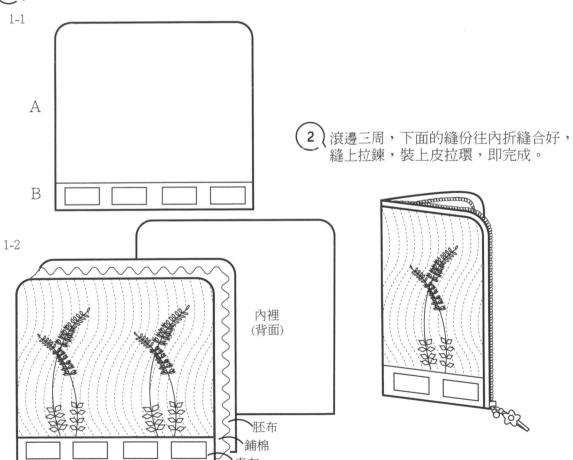

內裡
（背面）

胚布
鋪棉
表布

107

patchwork bag

15
楓葉大提袋

完成尺寸：30x15x32cm

紙型C面

P.36

◎ **準備材料：**

B1、B4六角花園用布	5cmx110cm	8色 共102片
A表布	7cmx80cm	1片
B2、B5楓葉配色布	適量	
B3、B6瘋狂拼布用布	適量	
C表布	6cmx80cm	1片
袋底表布	17cmx33cm	1片
貼邊布	8cmx80cm	2片
內裡	1.5尺	
紙襯、鋪棉、胚布	35cmx100cm	
提把		1組
拉鍊	18cm	1條

◎ **How to make:**

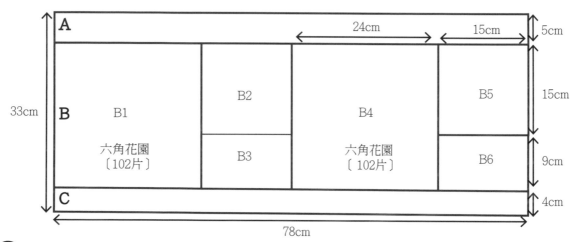

① 拼接B1、B4六角花園〔共102片〕，組合好B1、B4。

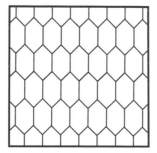

② 拼接B3、B6瘋狂拼布，組合好B3、B6。

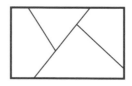

③ 拼接B2〔楓葉組合好〕+B3，及B5(〔楓葉組合好〕+B6。

④ 再組合B1+〔B2+B3〕+B4+〔B5+B6〕，完成B區。

✳ 楓葉作法
請看示範
P.72

108

5 組合A+B+C，三合一壓線。

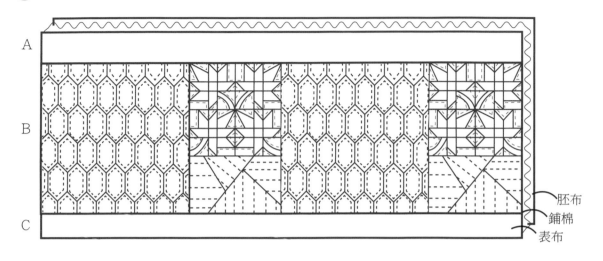

A

B

C

胚布
鋪棉
表布

6 袋底三合一壓線。

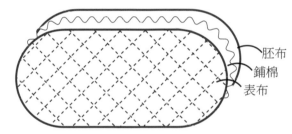

胚布
鋪棉
表布

7 將步驟5左右對折，車縫起來，再加步驟6，成一筒狀，繡上羽毛繡。

7-1

7-2

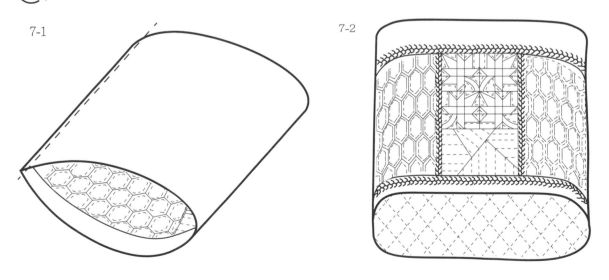

109

⑧ 裁前片內裡一片，貼邊布+前片內裡〔口袋設計好〕。

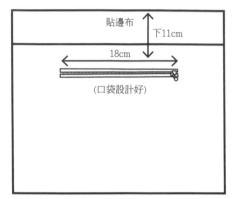

貼邊布
下11cm
18cm
（口袋設計好）

⑨ 裁後片內裡一片，貼邊布+後片內裡〔口袋設計好〕。

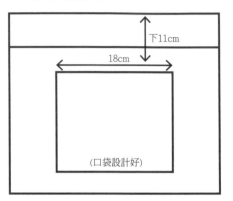

下11cm
18cm
（口袋設計好）

⑪ 組合步驟8+步驟9，正面對正面，車縫左右兩邊，再加步驟10，成一筒狀。

⑩ 裁一片袋底內裡。

11-1

內裡
（背面）

⑫ 將步驟11放入步驟7，背面對背面，袋口滾邊縫上提把〔中心點左右各7.5cm〕，即完成。

11-2

內裡
（背面）

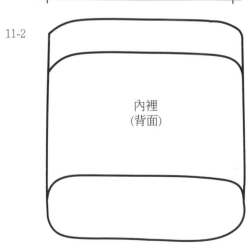

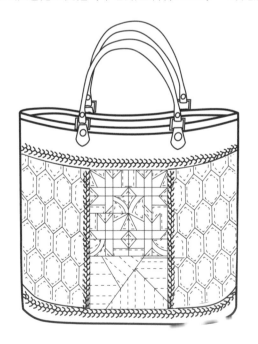

patchwork bag
16
楓葉小提袋

完成尺寸：18x5x13cm
紙型C面

P.38

📷 **準備材料：**

A表布	4cmx21cm	1片
B1、B3楓葉配色布	適量	
B2表布	6cmx10cm	1片
六角花園用布	適量	
C瘋狂拼布用布	適量	
側身表布	8cmx12cm	2片
滾邊	4cmx21cm	1片
內裡	21cmx32cm	1片
拉鍊裝飾布	5cmx7cm	2片
紙襯、鋪棉、胚布	21cmx32cm	
拉鍊	20cm	1條
提把		1組

📷 **How to make:**

① 組合A+B〔B1楓葉組合好+B2六角花園貼布縫好+B3楓葉組合好〕+C〔瘋狂拼布組合好〕，
三合一壓線，繡好羽毛繡。

1-1

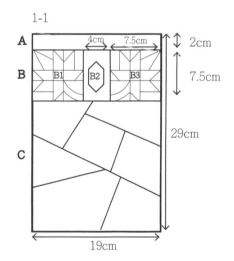

1-2

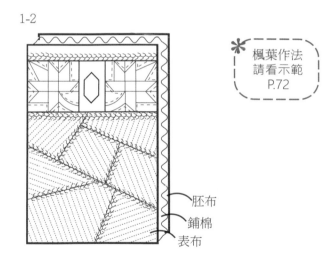

* 楓葉作法
請看示範
P.72

② 裁 一片與步驟1相同尺寸的內裡，再與步驟1組合，正面對正面，
車縫左右兩邊，從中間翻回正面，上下滾邊，縫上拉鍊，拉鍊縫上拉鍊裝飾布。

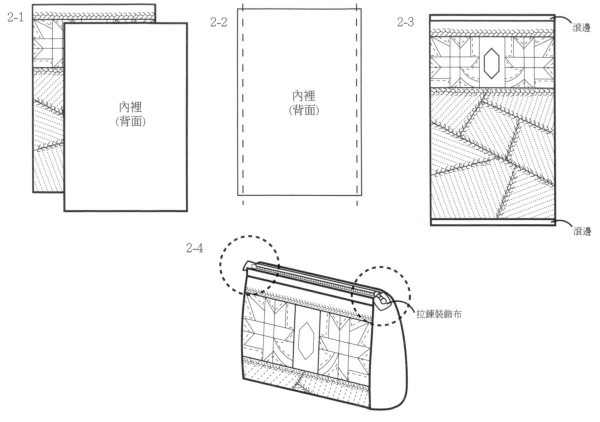

2-1

內裡
(背面)

2-2

內裡
(背面)

2-3

滾邊

滾邊

2-4

拉鍊裝飾布

③ 側身表布三合一壓線，加一片內裡，正面對正面，車縫四周，留一返口，
由返口翻回正面，返口處縫合好，完成兩片。

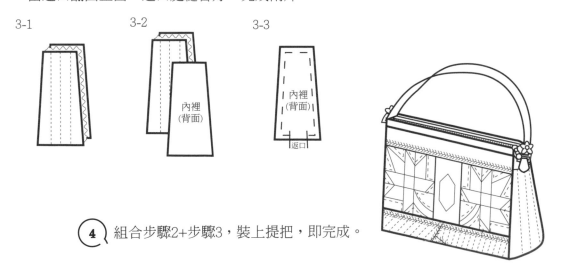

3-1

3-2

內裡
(背面)

3-3

內裡
(背面)

返口

④ 組合步驟2+步驟3，裝上提把，即完成。

patchwork bag

17、19
蒲公英後背包
(深、淺)

完成尺寸：22x12x35cm

紙型C面

P.40 P.44

準備材料：

前後片表布	24x37cm	2片
上側身表布	14x42cm	1片
下側身表布	14x72cm	1片
前口袋表布	20x28cm	1片
後片上方D型環布	5x7cm	1片
後片下方背帶布	10x10cm	1片
後片下方D型環布	4x5cm	2片
滾邊 上側身	4x42cm	2片
後口袋	4x24cm	2片
前口袋	4x20cm	2片
側身D型環布	4x5cm	2片
貼布縫布	適量	
內裡	3尺	
紙襯、鋪棉、胚布	40x100cm	
25號繡線	適量	

拉鍊 上側身 40cm	1條	
後口袋 20cm	1條	
前口袋 18cm	1條	
D型環 2.5cm	4個	
3.5cm	1個	
提把	1個	
奇異襯	15x15cm	
織帶 提把	2.5x43cm	1條
背帶	2.5x110cm	2條
口型環	2個	
日型環	2個	
問號勾	2個	
磁釦	1粒	
背帶布	6.5x110cm	2片
提把布	6.5x45cm	1片
皮標	1組	

How to make:

① 前片表布三合一壓線+一片內裡〔口袋設計好〕，正面對正面，
　車縫一圈留一返口，翻回正面，返口處縫合好。

1-1
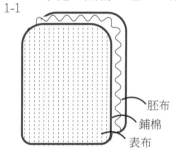
胚布
鋪棉
表布

1-2
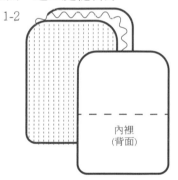
內裡
(背面)

1-3

內裡
(背面)
返口

② 後片表布三合一壓線+一片內裡，背面對背面，從口袋處剪開，
　上下滾邊，縫上拉鍊+一片內裡，(後片表布)背面對(內裡)正面，先固定好一圈。

2-1
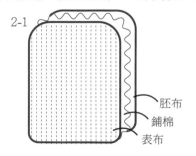
胚布
鋪棉
表布

2-2
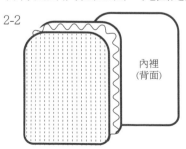
內裡
(背面)

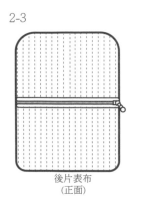

2-3

後片表布
（正面）

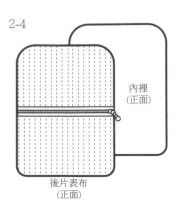

2-4

內裡
（正面）

後片表布
（正面）

2-5

3 3-1 裁一片後片內裡〔口袋設計好〕+步驟2。
3-2 正面對正面〔記得在後片的上方放D型環布+D型環，在後片下方放D型環布+D型環〕。
3-3 車縫一圈留一返口，翻回正面，返口處縫合好。

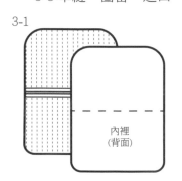

3-1

內裡
（背面）

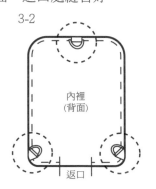

3-2

內裡
（背面）

返口

3-3

4 上側身表布三合一壓線+一片內裡，由記號線剪開，上下滾邊，縫上拉鍊。

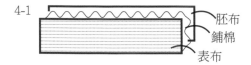

4-1

胚布
鋪棉
表布

4-2

5 下側身表布三合一壓線+步驟4〔記得放入D型環布+D型環〕，
再縫下側身內裡，將多餘的上、下側身縫份往內折。

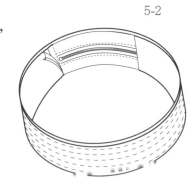

5-2

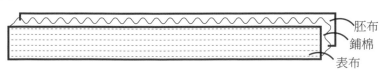

5-1

胚布
鋪棉
表布

⑥ 組合步驟1+步驟5+步驟3。

⑦ 前口袋表布用奇異襯做好蒲公英，三合一壓線+一片內裡，
背面對背面，由記號線剪開，上下滾邊，縫上拉鍊。

7-1

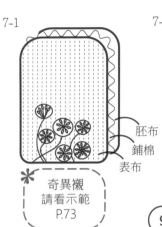

胚布
鋪棉
表布

✱ 奇異襯
請看示範
P.73

7-2

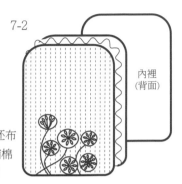

內裡
(背面)

7-3

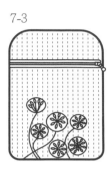

⑧ 裁一片步驟7的內裡，正面對正面，
車縫一圈留一返口，由返口翻回正面，
返口處縫合好。

8-1

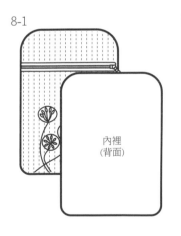

內裡
(背面)

8-2

內裡
(背面)

返口

⑨ 將步驟8縫合U字在前片表布的正中間，
縫上磁扣〔中心點下2公分〕。

磁扣位置

3cm

⑩ 做好提把〔上下側身接合點，上去3公分〕，
縫上皮標〔中心點下2公分〕。

⑪ 裝上做好的背帶2條，即完成。

patchwork bag
18、20
蒲公英口金包
(深、淺)

完成尺寸：18x7x8cm

紙型C面

P.42 P.45

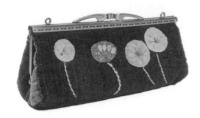

◉ 準備材料：

袋身表布	20x24cm	1片
側身表布	8x9cm	2片
貼布縫布	適量	
內裡	20x32cm	1片
紙襯、鋪棉、胚布	20x32cm	
25號繡線	適量	
仕女口金	18cm	1組
奇異襯	適量	

◉ How to make:

① 袋身表布用奇異襯做好蒲公英，三合一壓線+一片內裡，
正面對正面，車縫左右兩邊，由袋口翻回正面，袋口縫合好。

> *奇異襯
> 請看示範
> P.73

1-1

胚布
鋪棉
表布

1-2

內裡
(背面)

1-3

內裡
(背面)

② 側身表布用三合一壓線+一片內裡，正面對正面，車縫四周留一返口，
由返口翻回正面，返口縫合好，完成2片。

2-1   2-2   2-3

內裡
(背面)

返口

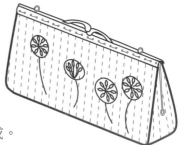

③ 組合步驟1+步驟2，縫上口金，即完成。

116

patchwork bag

21、23
踏青後背包
(深、淺)

完成尺寸：22x17x30cm

紙型B面

P.46 P.50

準備材料：

前後片表布	26x29cm	2片	拉鍊 上側身	35cm	1條
上側身表布	14x37cm	1片	後口袋	25cm	1條
下側身表布	14x27cm	2片	前口袋	30cm	1條
袋底表布	20x26cm	1片	25號繡線	適量	
前口袋表布	22x24cm	1片	側身D型環布	5x5cm	4片
前口袋上側身表布	7x32cm	1片	後片上方D型環布	5x7cm	1片
前口袋下側身表布	7x50cm	1片	後片下方背袋布	10x10cm	1片
六角花園用布	適量		後片下方D型環布	4x5cm	2片
滾邊 上側身	4x37cm	2片	D型環 2.5cm		4個
後口袋	4x26cm	2片	3.5cm		1個
前口袋	4x32cm	2片	側身D型環布	4x5cm	2片
紙襯、鋪棉、胚布	50x85cm		提把		1組
內裡	3尺		背帶		1組
			六角花園紙板	16mm	1包

How to make:

① 前片表布+袋底表布+後片表布，三合一壓線。

② 在後口袋處+一片內裡〔26x40cm〕，
從記號線剪開，上下滾邊，縫上拉鍊。

1

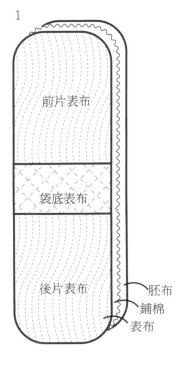

前片表布

袋底表布

後片表布

胚布
鋪棉
表布

2-1

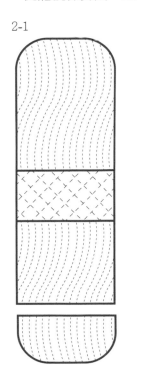

2-2

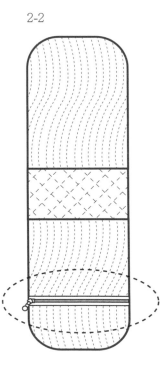

③ 裁一片步驟1的內裡〔口袋設計好〕，
固定好後方a處(1個D型環布+D型環)，
及b處、c處(各1個背帶布+D型環+D型環布)。

④ 將步驟2和步驟3，正面對正面，
車縫一圈留一返口，由返口翻回
正面，返口處縫合好。

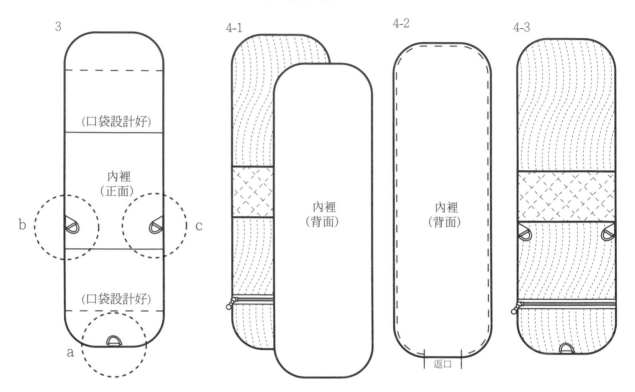

3

(口袋設計好)

內裡
(正面)

b

c

a

(口袋設計好)

4-1

內裡
(背面)

4-2

內裡
(背面)

返口

4-3

⑤ 上側身表布三合一壓線+一片內裡，由記號線剪開，上下滾邊，縫上拉鍊。

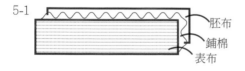

5-1

胚布

鋪棉

表布

5-2

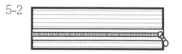

⑥ 下側身表布三合一壓線+步驟5〔記得放入D型環+D型環布〕，
再縫下側身內裡，將多餘的縫份往內折

6-2

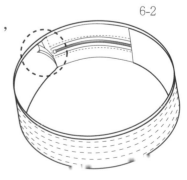

6-1

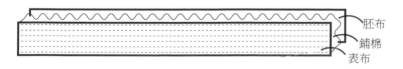

胚布

鋪棉

表布

118

⑦ 組合步驟4+步驟6。

⑧ 將前口袋表布下方的六角花園貼布縫好，三合一壓線，繡好所有的花
加一片內裡，正面對正面，車縫一圈留一返口，由返口翻回正面，返口處縫合好。

＊ 六角花園
請看示範
P.71

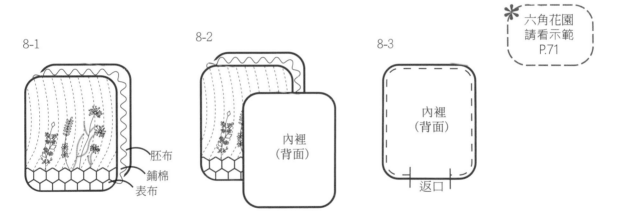

8-1

胚布
鋪棉
表布

8-2

內裡
（背面）

8-3

內裡
（背面）

返口

⑨ 前口袋上側身三合一壓線+一片內裡，由記號線剪開，上下滾邊，縫上拉鍊。

9-1

內裡
（背面）

9-2

10 前口袋下側身三合一壓線+步驟9〔記得放入D型環布〕，
再縫下側身內裡，將多餘的縫份往內折。

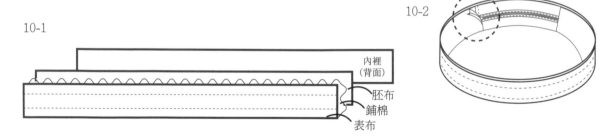

10-1

10-2

內裡
（背面）

胚布
鋪棉
表布

11 組合步驟8+步驟10，再將步驟11縫在前片表布的正中間。

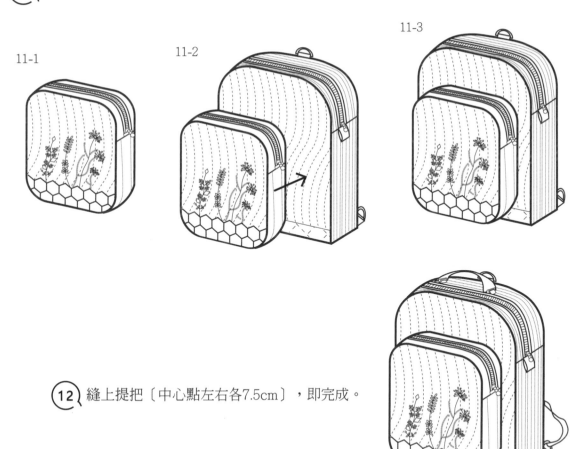

11-1

11-2

11-3

12 縫上提把〔中心點左右各7.5cm〕，即完成。

patchwork bag
22、24
踏青零錢包
(深、淺)

完成尺寸：13x6x10cm
紙型B面

P.48　P.51

準備材料：

A表布	18x20cm	1片
B表布	10x25cm	1片
A表布	12x24cm	1片
滾邊	4x70cm	1片
內裡	20x26cm	
紙襯、鋪棉、胚布	20x26cm	
25號繡線	適量	
拉鍊	18cm	1條

How to make:

1 組合A+B+C三合一壓線，繡好花。

1-1

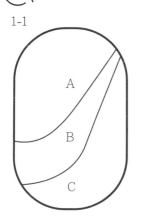

A

B

C

1-2

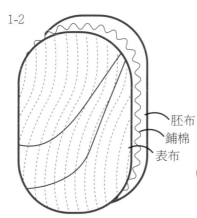

胚布
鋪棉
表布

1-3

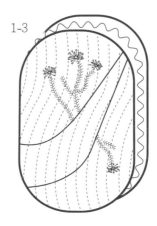

2 裁一片內裡+步驟1，背面對背面，四周滾邊，
縫上拉鍊，將拉鍊下方的布縫合好。

2-1

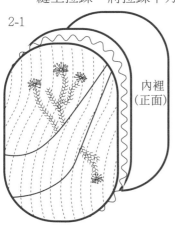

內裡
（正面）

2-2

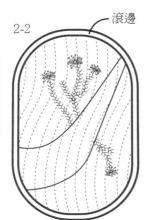

滾邊

3 袋底打底左右各3公分，即完成。

3-1

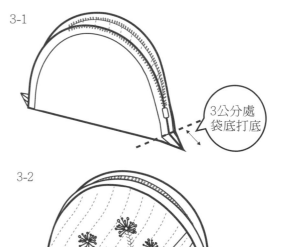

3公分處
袋底打底

3-2

121

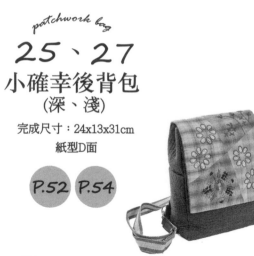

patchwork bag

25、27
小確幸後背包
(深、淺)

完成尺寸：24x13x31cm

紙型D面

P.52　P.54

🔧 準備材料：

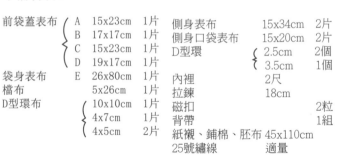

前袋蓋表布	A	15x23cm	1片	側身表布	15x34cm 2片
	B	17x17cm	1片	側身口袋表布	15x20cm 2片
	C	15x23cm	1片	D型環 2.5cm	2個
	D	19x17cm	1片	3.5cm	1個
袋身表布	E	26x80cm	1片	內裡	2尺
檔布		5x26cm	1片	拉鍊	18cm
D型環布		10x10cm	1片	磁扣	2粒
		4x7cm	1片	背帶	1組
		4x5cm	2片	紙襯、鋪棉、胚布	45x110cm
				25號繡線	適量

🔧 How to make:

1 組合A+B+C+D，再組合袋身表布E〔24x77cm實際尺寸〕，完成整個袋身〔24x106cm實際尺寸〕，三合一壓線。

2 在ABCD表布上繡好繡花，做好拉鍊。

3 車縫好擋布〔縫上D型環+D型環布〕。

1-1

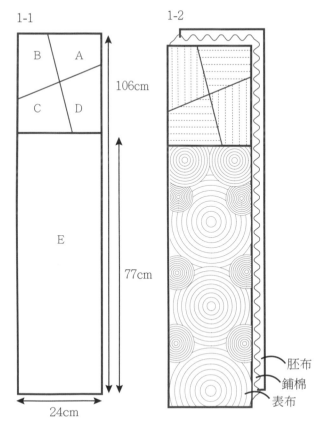

B　A

C　D

106cm

E

77cm

24cm

1-2

胚布
鋪棉
表布

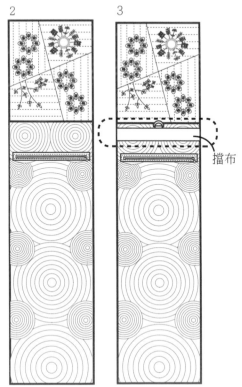

2

3

擋布

122

④ 裁一片步驟3的內裡〔做好口袋〕+步驟3，正面對正面(記得放入D型環+D型環布)，
車縫四周，留一返口，翻回正面，返口處縫合好。

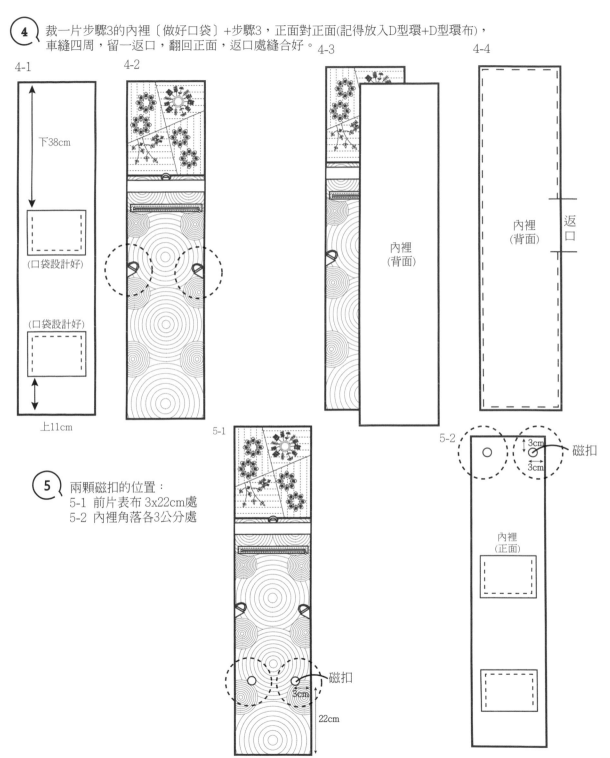

4-1

下38cm

(口袋設計好)

(口袋設計好)

上11cm

4-2

4-3

內裡
(背面)

4-4

內裡
(背面)

返口

⑤ 兩顆磁扣的位置：
5-1 前片表布 3x22cm處
5-2 內裡角落各3公分處

5-1

磁扣

3cm

22cm

5-2

3cm

3cm

磁扣

內裡
(正面)

6 側身表布三合一壓線。

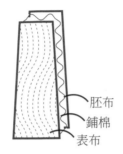

胚布
鋪棉
表布

7 側身口袋表布三合一壓線。

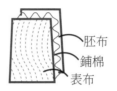

胚布
鋪棉
表布

8 步驟7+一片內裡，正面對正面，車縫上面，再翻回正面，完成2片。

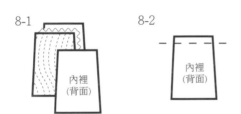

8-1

內裡
（背面）

8-2

內裡
（背面）

9 將步驟8+步驟6固定好，完成2片。

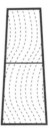

10 裁一片步驟9的內裡，車縫四周留一返口，翻回正面，返口處縫合好，完成2片。

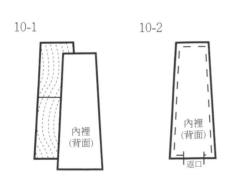

10-1

內裡
（背面）

10-2

內裡
（背面）

返口

11 組合步驟5+步驟10，裝上背帶，即完成。

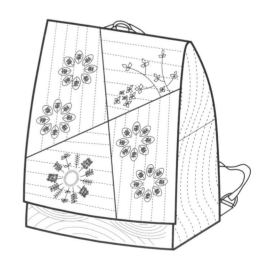

patchwork bag

26、28
小確幸口金包
(深、淺)

完成尺寸：11x8x8cm
紙型D面

P.53 P.56

準備材料：

袋身表布	10x38cm	1片
上袋蓋表布	10x13cm	2片
袋底表布	10x13cm	1片
內裡	10x64cm	1片
紙襯、鋪棉、胚布	10x64cm	
25號繡線	適量	
ㄇ形壓花口金	8x11cm	1組

How to make:

1 袋身表布三合一壓線，繡好花朵。

胚布
鋪棉
表布

2 裁一片步驟1的內裡，正面對正面，車縫上下，從中間翻回正面，返口處縫合好，再縫合左右。

2-1
內裡
(背面)
2-2
返口
內裡
(背面)
返口

3 袋底三合一壓線+一片內裡，正面對正面，車縫四周留一返口，翻回正面，返口處縫合好。

3-1
胚布
鋪棉
表布
3-2
內裡
(背面)
3-3
返口
內裡
(背面)

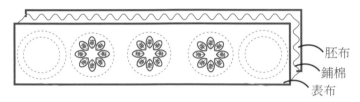

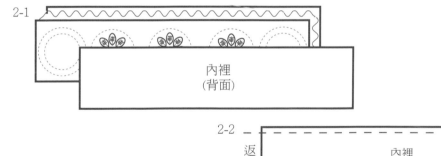

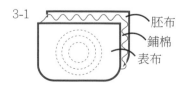

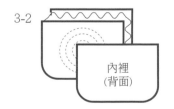

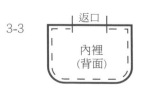

4 袋蓋三合一壓線，繡好花+一片內裡，正面對正面，車縫四周，留一返口，翻回正面，返口處縫合好。

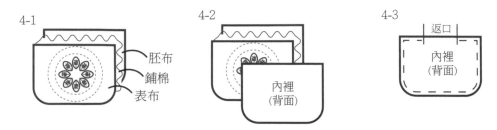

4-1

胚布
鋪棉
表布

4-2

內裡
（背面）

4-3

返口

內裡
（背面）

5 組合步驟3+步驟2+步驟4。

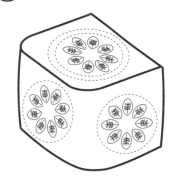

6 縫上口金，即完成。

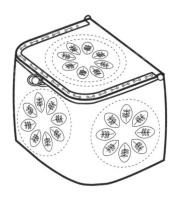

patchwork bag
29

Lucky後背包

完成尺寸：15x21x30cm
紙型C面

P.58

🔘 **準備材料：**

前後片表布	26x32cm	2片
上側身表布	13x37cm	1片
下側身表布	13x66cm	1片
後背帶布	10x11cm	2片
前口袋-袋身表布	27x44cm	1片
前口袋-側身表布	13x30cm	2片
滾邊 ⎧ 上側身	4x37cm	2片
⎩ 後口袋	4x25cm	2片
D型環布 ⎧	7.5x7.5cm	1片
⎩	4x5cm	2片
拉鍊 ⎧ 上側身	35cm	1條
⎩ 後口袋	20cm	1條
D型環	2.5cm	5個
拉鍊皮片	4.5x19cm	1組
紙襯、鋪棉、胚布	70x80cm	
內裡	2尺	
提把		1個
背帶		1組

🔘 **How to make：**

① 一片前片表布〔單純一片表布，無鋪棉、無胚布〕+一片內裡〔口袋設計好〕，背面對背面。

② 2-1 後片表布三合一壓線+一片內裡，背面對背面。
2-2 由拉鍊處剪開，上下滾邊，縫上拉鍊。
2-3 再加兩片內裡〔背面對背面，後片內裡口袋設計好〕。
2-4 將步驟2-2背面朝上，把步驟2-3放在步驟2-2上〔背面對背面〕。

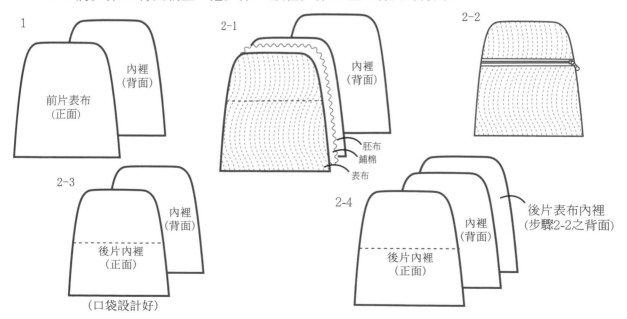

127

3 上側身三合一壓線+一片內裡，背面對背面，由拉鍊處剪開，上下滾邊，縫上拉鍊。

3-1

內裡
（背面）

3-2

4 下側身三合一壓線+一片內裡，背面對背面。

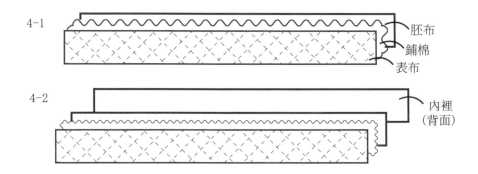

4-1

胚布
鋪棉
表布

4-2

內裡
（背面）

5 組合步驟3 +步驟4，成一筒狀
〔記得放入D型環布+D型環〕。

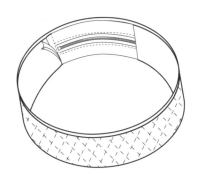

6 組合步驟1 +步驟5 +步驟2
〔記得放入D型環布+D型環〕，
所有縫份用內裡布包邊處理。

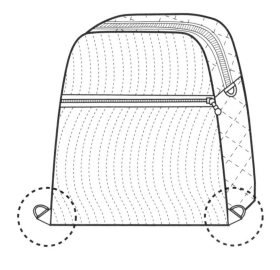

7 前片口袋袋身表布，三合一壓線，繡好花，加一片內裡，背面對背面，
車好拉鍊口，縫上拉鍊皮片。

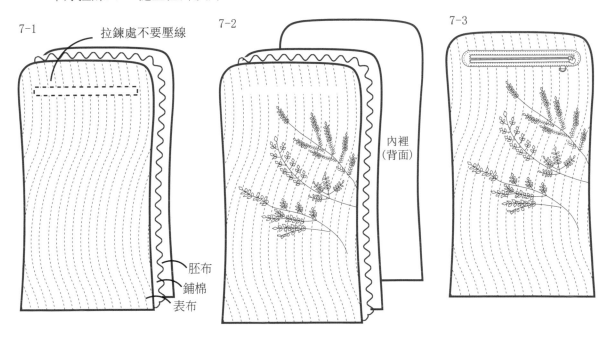

7-1　拉鍊處不要壓線

胚布
鋪棉
表布

7-2　內裡
（背面）

7-3

8 裁一片步驟7的內裡，正面對正面，車縫一圈留一返口，由返口翻回正面，返口處縫合好。

9 前口袋側身表布三合一壓線＋一片內裡，正面對正面，車縫一圈留一返口，
由返口翻回正面，返口處縫合好，完成2片。

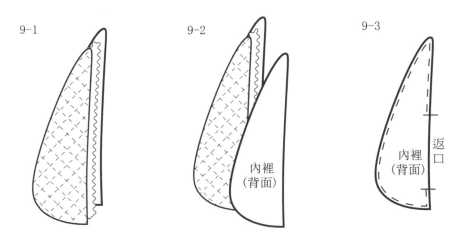

9-1

9-2　內裡
（背面）

9-3　內裡
（背面）　返口

10 組合步驟8＋步驟9。

10-1

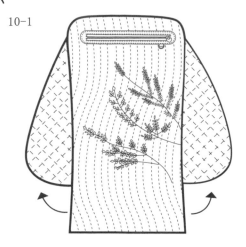

10-2

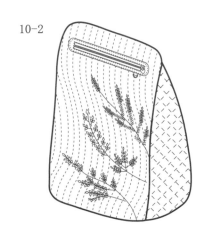

12 做好後背袋布，縫合在後片上方的中間處。

12-1

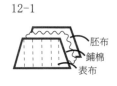

胚布
鋪棉
表布

12-2

內裡
（背面）

12-3

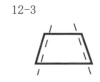

12-4

11 組合步驟6＋步驟10。

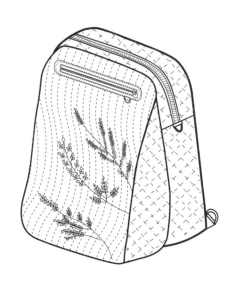

↕1cm

＊
貓頭鷹
請看示範
P.74

13 縫上提把〔上下側身接合處，往上1cm〕，裝上背袋，
做好貓頭鷹，別在前片左下方，即完成。

patchwork bag
30
Lucky口金零錢包

完成尺寸：13x6x12cm

紙型C面

P.60

◎ 準備材料：

前後片表布	16x13cm	2片
袋底表布	8x16cm	1片
側身表布	8x13cm	2片
內裡	24x30cm	
紙襯、鋪棉、胚布	24x30cm	
繡線	適量	
仕女口金	10cm	1組

◎ How to make:

① 組合前片表布+袋底表布+後片表布，三合一壓線，繡好花+一片內裡，正面對正面，
車縫一圈留--返口，由返口翻回正面，返口處縫合好。

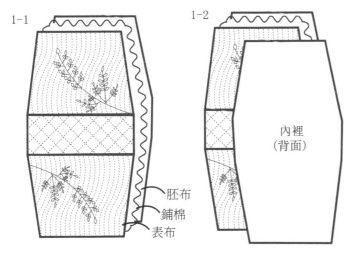

1-1

1-2　內裡（背面）

胚布
鋪棉
表布

1-3　內裡（背面）　返口

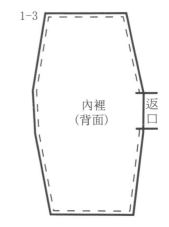

③ 組合步驟1+ 步驟2，縫上口金，
做好貓頭鷹，別在前片左下方，
即完成。

* 貓頭鷹
請看示範
P.74

② 2-1 側身表布三合一壓線+一片內裡。
2-2 正面對正面，車縫一圈留一返口。
2-3 由返口翻回正面，返口處縫合好，完成2片。

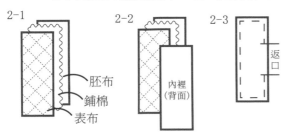

2-1

胚布
鋪棉
表布

2-2　內裡（背面）

2-3　返口

patchwork bag
31
鄉村小提袋

完成尺寸：17x10x15cm
紙型C面

P.62

準備材料：

袋身前後片表布	17x25cm	1片
袋底表布	12x19cm	1片
貼布縫	適量	
內裡	0.5尺	
滾邊	4x68cm	1片
包繩布	2.5x50cm	1片
皮繩	3mm, 50cm	
紙襯、鋪棉、胚布	34x37cm	
25號繡線	適量	
提把		1組

How to make:

① 前片表布貼布縫好，三合一壓線。

② 後片表布貼布縫好，三合一壓線。

✳ 貼布縫
請看示範
P.72

胚布
鋪棉
表布

胚布
鋪棉
表布

③ 袋底表布三合一壓線，用包繩布〔內放皮繩〕沿著記號線固定好。

3-1

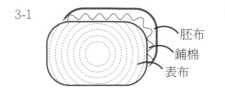

胚布
鋪棉
表布

3-2

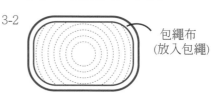

包繩布
（放入包繩）

④ 組合步驟1+步驟2，正面對正面，車縫左右兩邊。

4-1

表布
（背面）

4-2

表布
（背面）

5 裁一片前片內裡〔口袋設計好〕+後片內裡〔口袋設計好〕，正面對正面，車縫左右兩邊。

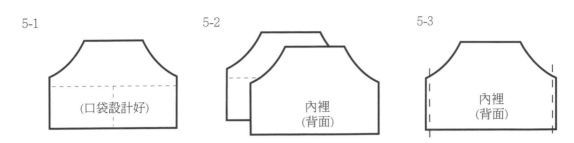

5-1 （口袋設計好）

5-2 內裡（背面）

5-3 內裡（背面）

6 將步驟5放入步驟4，袋口滾邊，袋子下面的縫份往內折縫合好。

滾邊

7 裁一片袋底內裡+步驟3，正面對正面，車縫一圈留一返口，由返口翻回正面，返口處縫合好。

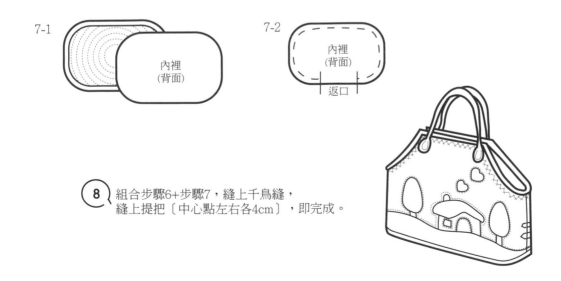

7-1 內裡（背面）

7-2 內裡（背面） 返口

8 組合步驟6+步驟7，縫上千鳥縫，縫上提把〔中心點左右各4cm〕，即完成。

patchwork bag

32
鄉村小零錢包

完成尺寸：14x10cm
紙型C面

P.62

🌀 準備材料：

袋身表布	15x21cm	1片
貼布縫	適量	
內裡	15x21cm	1片
滾邊	4x54cm	1片
紙襯、鋪棉、胚布	15x21cm	
拉鍊	15cm	1條
25號繡線	適量	
側身內裡檔布	適量	
拉鍊內裡檔布	適量	

🌀 How to make:

① 裁一片袋身表布，做好貼布縫，三合一壓線。

② 裁一片袋身內裡+步驟1，背面對背面，四周滾邊，縫上拉鍊，繡上千鳥縫。

* 貼布縫
請看示範
P.72

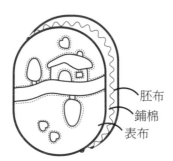

胚布
鋪棉
表布

2-1

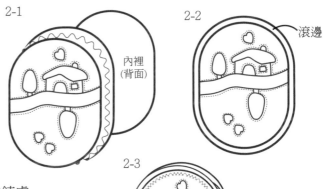

內裡
(背面)

2-2

滾邊

2-3

③ 做好側身內裡擋布2片，縫合在側身拉鍊處。

3-1

(對折)

3-2

(車縫左右)

3-3

④ 做好拉鍊內裡檔布，縫合在零錢包底部的內裡中心處，即完成。

3-4

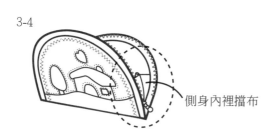

側身內裡擋布

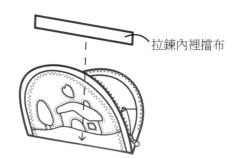

拉鍊內裡擋布

國家圖書館出版品預行編目(CIP)資料

秀惠老師の幸福拼布包：Susan's handmade
patchworks / 周秀惠作. -- 初版. -- 臺北市：
周秀惠拼布教室, 2022.01
　　面；　公分
ISBN 978-626-95503-0-2(平裝)

1.拼布藝術 2.手工藝
426.7　　　　　　　　　　　110020405

Susan's Handmade Patchworks

秀惠老師の
幸福拼布包

作　　　者 / 周秀惠
藝術總監 / 黃龍文
攝影指導 / 李　訓
編　　輯 / 許伊婷
美　　編 / 許伊婷
作法繪圖 / 許伊婷
模 特 兒 / 許伊婷
顧　　問 / 洪基哲

出 版 者 / 周秀惠拼布教室
地　　址 / 台北市中山區華陰街24巷3號1樓
　　　　　　(僅為通訊地址，非拼布教室)
印　　刷 / 東豪印刷事業有限公司
紙　　型 / 東豪印刷事業有限公司

出版日期 / 2022 年 01 月 初版一刷　　定價580元

欲購買本書材料包
請洽詢秀惠老師的Facebook

臉書收尋 「周秀惠」
　　　#周秀惠拼布教室

Susan's
Patchworks